面包机的诱惑2

百变吐司

台湾人气No.1面包机博主、畅销书作家
辣妈（Shania） 著

辽宁科学技术出版社
·沈阳·

前言

《面包机的诱惑 1：基础面包 + 家常主食》与《面包机的诱惑 2：百变吐司》的差异

很开心第一本书《面包机的诱惑 1：基础面包 + 家常主食》受到好评。虽然离开待了 13 年的金融业，心中有很多的忐忑，不知自己是否能完成梦想……但随着新书受到大家的肯定，觉得非常欣慰，自己得到莫大的成就感！也在读者们试做成功与否的过程中，彼此互动讨论，让我更快速地从别人的经验中学习到更多。

写完第一本书之后，辣妈也在不断地充实各种与烘焙相关的专业知识，研读专业书籍、大量浏览食谱并试做，取得面包丙级执照后，也顺利拿到西点丙级执照。积极参与烘焙及料理课程，学习更多面包的整形手法，在这些“练功”的过程中，深深体会学习带来的快乐，也将所学融会贯通于这本新食谱中。

上一本书是把我历年来最爱的食谱与大家分享，操作简单，口感也一级棒！这本书则是我的新挑战——换了吸水力比较强的面粉、提升面包的口感，也发挥自己的想象力，尝试了在市面上较少见的图案与口味。

面包机除了带给家人健康的饮食，也带来不少的乐趣。两个孩子常常望着正在揉打面团的面包机，期待地问我：“妈妈，你今天要做什么面包？”“要做有图案的吗？”“你今天有空做黏土吗？”除了满足口腹，也玩出生活乐趣，才是把面包机的功能发挥到极致呀！

本书的每一个章节我都很喜欢，不一样的搭配，碰撞出意想不到的好滋味；另外也帮大家想好了，如何从原本的口味中，透过简单的擀卷找出新口感。

中式面点当然也要再进化，凤梨酥、甜不辣等，都可以运用面包机省时省力地做出来。再者，人们大多偏好柔软的吐司，本书特别将让面包变柔软的元素挑出来，再搭配食谱实作，读者也可以自行搭配变化。

亲子时光与视觉系吐司，则是《面包机的诱惑 2：百变吐司》最大的亮点，五彩缤纷的面包，让大家看了就想挑战，更别说是孩子们的反应了！面包制作完成时，自己都会对着成品傻笑许久；后半部也会教大家如何制作经典的国外面包、简单又好吃的蛋糕，甚至是意大利的千层面也能完美呈现哦！

最后，期待把从面包机得到的乐趣好好地与大家分享，相信很多读者跟我一样，生活因面包机而有了改变，就让这份美好的改变一直持续下去吧！

特别提示 本书提倡的是“追求健康、创意生活”的理念。辣妈 shania 在本书中使用的是松下品牌的面包机，不同品牌的面包机在操作上可能有所差异，请大家灵活运用。期待您发挥创造力，做出更多美味的百变料理！☺

目录 Contents

第3章

超柔软面包

第4章

地道中式糕点

第5章

缤纷亲子时光

第6章

视觉系吐司

第7章

世界各地的面包

第8章

甜蜜蜜蛋糕点心

第9章

省时省力美味馅料

第1章 概论

· 基本材料说明
· 常见问题解答
· 成功面包的诞生

基本材料说明

以下简单介绍，制作面包时会用到的基本材料。

高筋面粉

一般面包的制作都是使用高筋面粉，筋性足够，才能做出有嚼劲的面包。本书使用的“洽发”面粉（台中市某面粉企业生产），吸水力相对比较强，约70%。每一种高筋面粉的吸水量都有差异，吸水量较少的约60%（面粉重量的60% = 水量），日系面粉或“洽发”面粉则介于65% ~ 75%。

例如250g吸水力70%的面粉，水分为175g左右（可依实际操作状况稍微调整）。

中筋面粉

多用来制作中式餐点，如馒头、水煎包、水饺等。筋性介于高筋与低筋之间。

低筋面粉

在所有面粉中筋性最低。本书中的低筋面粉有两个用途，一个是添加于面包里，让口感更加柔软；另一个则是制作饼干以及蛋糕，成品会有酥脆或松软的口感。

麸皮面粉

一般的高筋面粉再另外添加小麦麸皮，使面粉的纤维质含量增加。

可可粉

书中使用的皆为一般无糖可可粉。

抹茶粉

须使用专门用于烘焙的抹茶粉，一般冲泡用的绿茶因不耐高温，烘烤之后会变色。

红曲粉

天然的色素，可在一般烘焙材料行买到。

速发酵母

本书使用高糖速发酵母，使用上非常方便，且用量少，能迅速地与水融合并发酵；有些干酵母粉必须先与水混合均匀才能使用，速发酵母并没有这样的问题。

糖类

砂糖：一般吐司建议使用白砂糖来制作。

糖粉：质地颗粒更细致，适用于制作奶酥馅料以及饼干、蛋糕。

制作面包常用的糖类还包括蜂蜜、黑糖、枫糖等。

水

一般常温水即可（夏天用冰水），也可以使用鲜奶、豆浆，或以其他蔬果汁取代，但使用的分量会有所不同。

鸡蛋

天然的乳化剂，可取代部分水分，使面包更加柔软。本书使用的鸡蛋一颗约 50g。

盐

能抑制面团过度发酵与提味，少量即可。

油脂

液态油：一般橄榄油、玄米油、葵花籽油、色拉油皆可。书中以“油”代表液态油。

奶油：本书所使用皆为无盐奶油。除了少数食谱特别标注，其他使用前须置于室温软化。

奶油乳酪（cream cheese）

常被用来做奶酪蛋糕，本书则用于制作面包的内馅。

常见问题解答

问 1：本书适合所有的面包机吗？

答：大多都是可以的。以目前最多人使用的 Panasonic 105T 为主，常用功能及时间如下，请读者与自家的面包机作对照。

面包面团（揉面 + 一次发酵）
总程序 60 分钟。一般的面包机都有此程序，时间 60 ～ 90 分钟不等。

乌龙面团（揉面）
总程序 15 分钟。如果没有单独的揉面程序，建议以“面包面团”替代，揉面 15 分钟之后，提前取消即可。

生种酵母（发酵）
总程序 2 ～ 4 小时。本书都是运行 1 ～ 2 小时，待面团发酵完毕，即可提前取消；其他面包机类似的功能如“优格”、“发酵”等。

蒸面包（单纯“烘焙”加热，并非“蒸煮”面包）
总程序 35 分钟。刚好能烤 500g 的吐司；其他面包机可能标示为“烘焙”。

吐司面包（一键到底）
总程序 4 小时。也适用在其他一键到底时间 3.5 ～ 4 小时的程序。

麻糬（揉面 + 加热）
类似程序如“果酱”功能等，可视情况提前取消。

豆沙馅（间歇性搅拌 + 低温加热）
可视情况提前取消。本书只有一篇食谱应用此功能，若无类似程序，红豆馅（p152）有简单的变通方法。

生巧克力（间歇性搅拌 + 低温加热）
可视情况提前取消。本书只有一篇食谱应用此功能，若无类似程序，伯爵巧克力（p140）有简单的变通方法。

问 2：不同的吐司程序，该如何调整酵母粉克数？

答: 各家面包机都有专属的吐司程序设定，本书食谱适用于一般程序，总制作时间为 3 ~ 4 小时。若程序为 5 小时，请将酵母粉减量，使用原本分量的 1/2 ~ 2/3；若程序为 2 小时，请将酵母粉增量，约增加 1/3 的酵母量。以上仅为建议，详细用法请参考自家面包机的说明书。

问 3：如果我的面包机可以做 750g 或 1000g 的吐司，书中食谱的材料该如何调整？

答：如果制作 750g，只要将食材分量乘以 1.5 就可以了（其余以此类推）。

问 4：酵母一定要放在酵母盒里面吗？

答：如果不是预约程序，酵母就不一定要放在酵母盒里。建议一开始直接投料（投料顺序：水 > 糖 > 酵母 > 面粉 > 盐 > 奶油）。若面包机无酵母盒，使用预约程序时，请将酵母与水、盐分开摆放。

问 5：面包机的上盖在运作时可以打开吗？

答：可以的！揉面时，我几乎都是打开的状态，一来方便观看面团成团的情况，二来可以稍微散热。若在发酵、烘烤时观看，建议快速打开、快速盖上，避免过多热气散出影响面包成品。

问 6：面包隔天变干了，怎么办？

答：直接法制作的面包，相对比较容易变干，食用前喷点水再稍微回烤，就会变好吃！除此之外，面包容易干，可能有以下原因：

＊面包烤太久
这部分需要积累经验，才知道多大的面包自家烤面包机应该设定几度、烤多久才适合。如果表面太快上色，建议烤温低一点；若一直都没上色，温度可以调高。多做几次即可掌握得宜。

＊未妥善保存面包
面包放凉后，要放进密封盒或塑料袋，并且封好。避免造成水分流失。

若以上两点都有注意到，还想使面包更保湿的话，可考虑尝试一些进阶的发酵方法，如：冷藏发酵、液种、中种、水合法……（本书都有介绍）；虽然添加改良剂也是方法之一，但这并非自家烘焙所追求的目标。

问 7：冷天气发酵很慢，该怎么办？

答：夏天气温偏高，发酵较为顺利；但是一到冬天，室温常低于 20℃，发酵速度明显慢很多。如果家里有烤箱、微波炉，建议拿一杯温开水与面包盆一起放在里面，发酵状况将会好很多。

问 8：鲜奶与水的比例？

答：如果使用鲜奶取代水，建议分量要增加到 1.1 倍，例如：原本水的分量 140g，则鲜奶需要 154g。其他类似饮品如优格等本身部分为固态，分量都需要比较多。

问 9：制作面包时，“速发酵母”应该放多少？

答：一般烘焙书中写的酵母量大约是面粉的 1%，例如：300g 面粉就使用 3g 速发酵母。但还是可依照自己的制作目的，而决定酵母的用量。

酵母量 =1%
适用于“正常”程序（揉面 > 室温 28℃一次发酵 60 分钟 > 散出空气、滚圆、醒面、整形 >38℃二次发酵 1.5 ~ 2 倍大 > 烘烤），整个程序 2.5 ~ 3 小时。为何本书用量略大于 1% 呢？主要在于揉面、整形的状况比较随机，为避免面团无法维持光滑状态而影响发酵，所以酵母量稍微大于 1% 可以发酵得更顺利一些。建议大家试做几次后，依自己的习惯作调整。

酵母量 >1%
即为快速面包，为了在 2 小时内完成面包，酵母量会放比较多。

酵母量 <1%
有时想要享受慢发酵带来的香气，酵母粉的量自然就减少。这类面包可能得花 5 ~ 7 小时才完成。部分面包机设定有软吐司功能，酵母粉的量都会比较低，用意即在于此。

问 10：如何保养面包机？

答：内锅若有粘黏，请先泡水，再用海绵清洁，勿用尖锐物品（如刀子、洗碗布等）用力刮除。外锅烘烤前，检查外锅是否有残留的渣滓，先清除干净再进行烘烤。

预约情形
搅拌时，料可能会喷洒出来。若洒出的渣滓因烘烤而留下污渍，建议用湿布盖着，待软化之后再清洁。

问 11：常见的烘焙单位怎样转换？

答：

水 g = c.c. = mL

速发酵母 1 小匙 = 3g

水 1 小匙 = 5g

水 1 大匙 = 15g

鸡蛋 1 颗 50～60g

问 12：面包表皮好硬，该怎么调整？

答：吐司表皮太硬有几种可能：面包发酵不足、体积不够大、油脂不足、烘烤时间过久。解决办法如下：

1. 将烤色调成“淡色”。
2. 烘烤完成前 3 分钟提前取出。

成功面包的诞生

为什么已经按照食谱做了，但完成后还是与食谱有落差、口感依然不对劲呢？成功的面包有几个关键，参考辣妈以下的经验，再来试试看吧！

一、成功的面团

水分的掌握

除了每种面粉的吸水量差异（参阅 p10 材料说明），不同的面团制作方式也会影响含水量。如果用手揉做面团，只要每搓揉一次，面团被撑开暴露在空气中，就会流失一些水分；面包机则是在面包盆里打面团，没有把面团撑开的动作，水分流失相对比较少。

制作面包的环境也很重要，气候干燥的地区面团水分散失得快，需要多添加一些水分；在冷气房制作面包，面团的水分也比较容易散失。

判断面团湿度

搅拌 5 分钟后观察面团是否已成团，且面包盆四周没有残余的面粉。如果过于湿黏，每次 5 ~ 10g 慢慢添加面粉；若面团太干，每次 3 ~ 5g 慢慢添水。搅拌 8 ~ 10 分钟后，将机器暂停，用手指触摸面团感觉是否会粘黏或太干（若无法暂停，则以手指背快速地触摸判定），如果不会粘黏也没有龟裂，就是成功的面团❶。

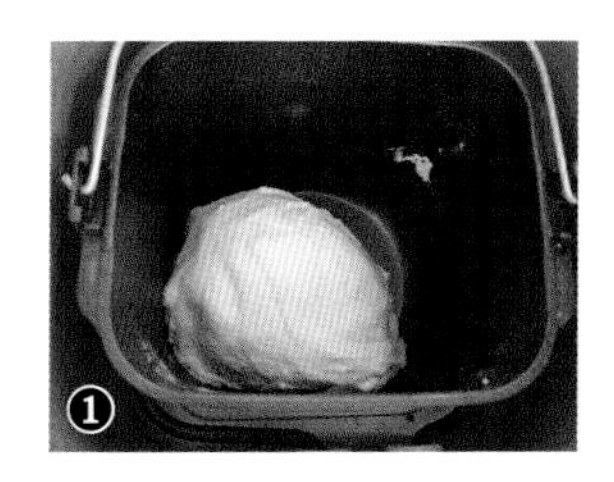

面团温度

一般揉面温度最好不超过 26℃，但面包机在夏天运转时的温度很容易就超过了，建议可放冰水帮助降温。

面团薄膜

揉面结束之后，该如何判断面团是否已经揉好了？取部分面团，利用双手轻轻地左右拉扯，观察是否能形成薄膜❷。有的话会更利于面团发酵时把适量的气体留在里面，如此发酵将更成功。

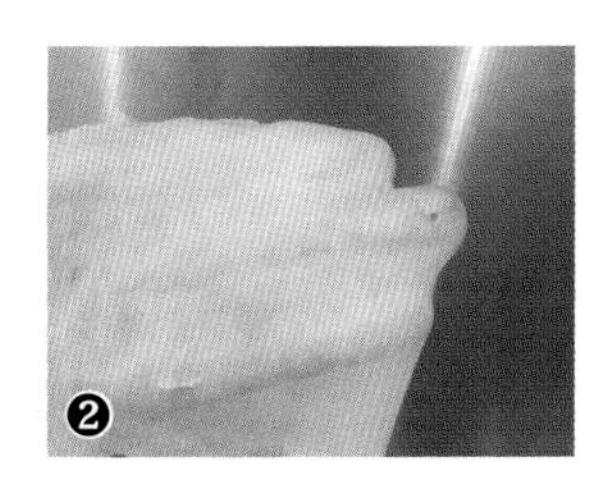

如果面团的水分掌控得宜，一般面包机揉面 20 分钟之后都能有薄膜形成。

二、一次发酵

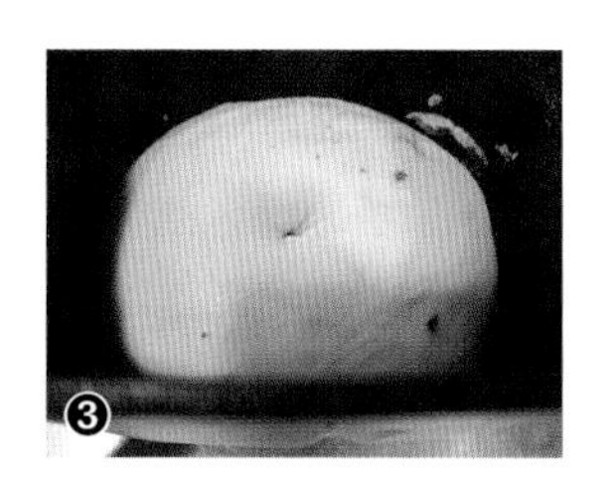

发酵温度约 28℃，过程中须注意面团湿度，发酵中的面团若失去水分，面包就容易干硬。

如何确认发酵是否完成？以手指沾高筋面粉，在面团上戳一个洞，洞没有消失❸，代表第一次发酵完成（发酵时间 40 ~ 60 分钟）。

选择“面包面团”程序，面包机将会自动完成“揉面 + 一次发酵”。

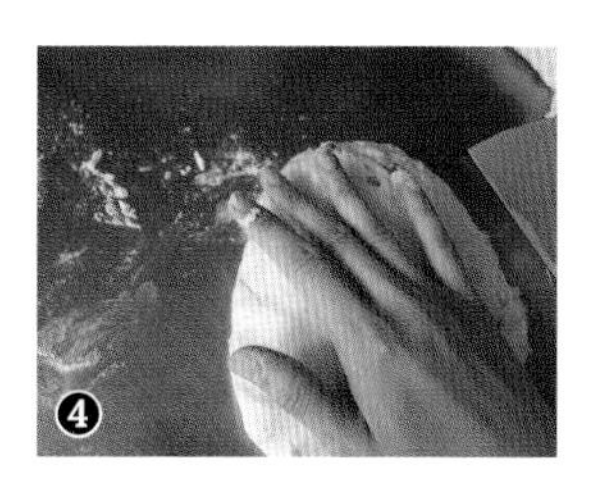

三、排气、醒面、整形

一次发酵完毕后，简单用手拍几下面团排气即可❹。千万不要再揉打，避免破坏面团组织、影响后续发酵的状况。

如果还要进行下一阶段的整形，无论是小面团❺或大面团❻都要滚圆，醒面 10 分钟，再进行后续的整形。

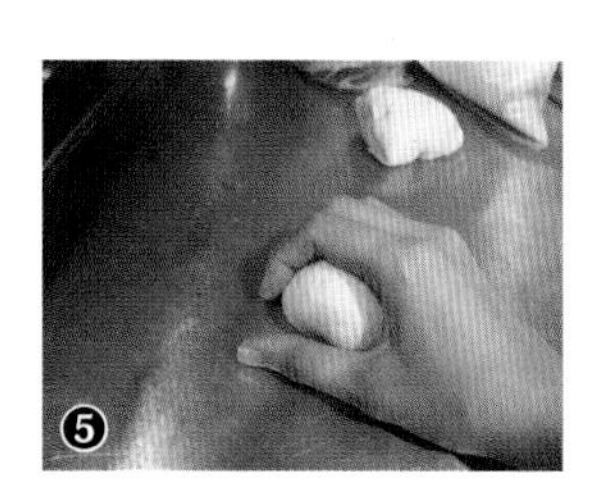

四、二次发酵

将面团放入面包机，启动“生种酵母”程序。若没有发酵功能，可任选以下方法变通：

· 放入电饭锅，启动保温（盖子必须要加高）。

· 放入烤箱或微波炉（不插电、不启动），运用其密闭空间发酵。建议将面团置于面包盆中，盖上锡箔纸或保鲜膜，另外倒一杯温开水，把面包盆与水杯一同放进烤箱或微波炉（尽量使温度维持在 35 ~ 40℃）。

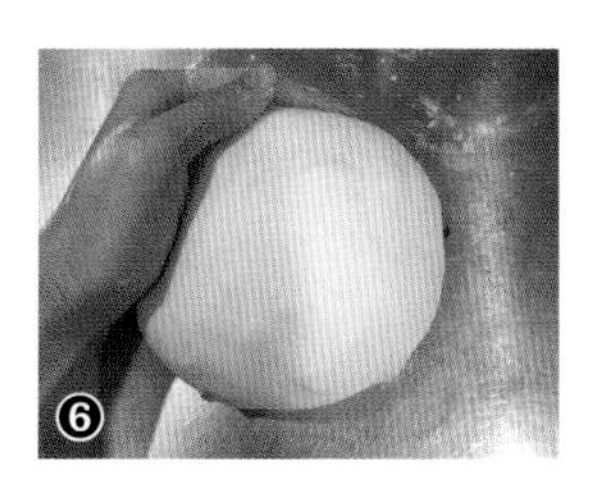

发酵程度

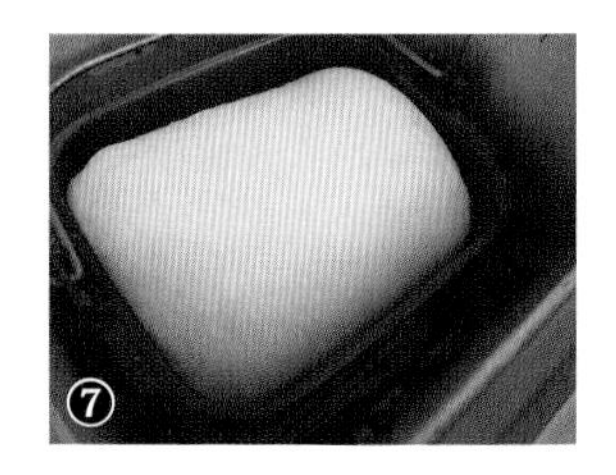

吐司：请见各面包机的说明，一般 500g 容量的面包机，做 500g 的吐司发酵到 9 ~ 10 分满❼，即可进行烘烤。每台面包机内装容量不同，原则上发酵到整形后的 2 ~ 2.5 倍大。

造型面包：发酵到整形后的 1.5 ~ 2 倍。

五、烘烤时间

“蒸面包”程序：500g 约 35 分钟。

一般的整形面包依面团大小来确定烘烤时间。体积越小烘烤的时间越短，手指轻按面包边缘，面包回弹至原状表示烘烤已完成。

有时小餐包的口感不及吐司来得柔软，可能是小餐包的烘烤时间过长了。

六、烘烤结束

烘烤完毕须立即脱模，将面包取出❽，避免面包受潮且回缩。

脱模前，以面包盆轻轻撞击桌缘，使热气快速散出后再脱膜。成品放凉之后再切片；不建议温热时就切开，吐司容易变形，且切面也会受潮。吃多少切多少，其余放入塑料袋或保鲜盒密封，确保水分不流失。

★ 同样的配方，每次制作的状况（环境、季节）还是会有差异，最保险的方法还是乖乖留意面团状态，随时应变。

★ 水分散失：注意每个阶段的面团是否偏干，可适量地喷点水在面团上保持湿度。

★ 奶油后放：奶油会影响面筋形成，建议面团成团之后再放入奶油。

Tips

第2章

新口感面包

继《面包机的诱惑 1：基础面包 + 家常主食》之后，辣妈不断进修，绞尽脑汁做出更多别致又美味的吐司等面包。本章节除了一键到底的程序，也有简单制作的整形吐司，微甜滋味的吐司与满满饱足感的咸吐司，都是值得一试的新口味！

01

优格吐司

微微酸甜的吐司，吃起来更有欧式面包的风味！

★ 原味优格（非酸奶）本身已含有糖分，不需额外加糖；若想降低酸味，可加10g的糖。

材料

高筋面粉	250g
水	75g
原味优格	120g
奶油	15g
盐	2g
酵母粉	3g

做 法

选择程序：吐司面包

所有材料放入面包机，启动“吐司面包”程序，等时间一到，香喷喷的吐司就出炉啰！

02

鲜奶油吐司

鲜奶油吐司香气逼人啊！常用于甜点制作的鲜奶油，拿来做面包也非常美味哦！

★ 鲜奶油本身已含油脂，奶油省略不加也可以。

材料

高筋面粉	250g
水	55g
鲜奶油	140g
砂糖	25g
奶油	10g
盐	2g
酵母粉	3g

做　法

选择程序：吐司面包

所有材料放入面包机，启动“吐司面包”程序，等时间一到，香喷喷的吐司就出炉啰！

03

抹茶地瓜吐司

抹茶与地瓜非常配，加上外层的白芝麻，口感会越嚼越香哦！

材料

高筋面粉	250g
水	65g
鲜奶	120g
砂糖	15g
奶油	15g
抹茶粉	5g
盐	2g
酵母粉	3g
投料	
地瓜丁	80g
整形	
白芝麻	适量

❶

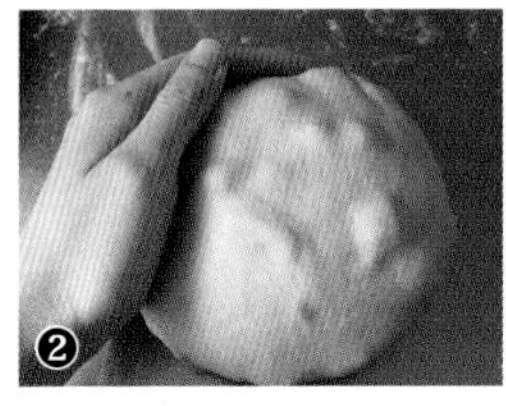
❷

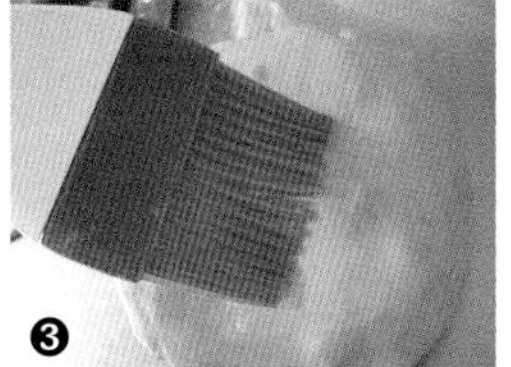
❸

❹

做 法

简易流程：面包面团 / 投料 > 取出面团整形 > 生种酵母 > 蒸面包

1. 先制作糖水（水 250g、砂糖 120g），加热搅拌均匀后放入地瓜丁，煮约 20 分钟，制成蜜地瓜，沥干放凉备用❶。
2. 面团材料放入面包机，设定投料提醒，启动“面包面团”程序。待投料提示音响起，投入地瓜。
3. 手沾一些面粉，取出面团拍打使空气散出。再度整成圆形之后❷，于面团表面涂上一层薄薄的水❸，最后粘上白芝麻❹。
4. 面团放回面包机，启动“生种酵母”程序，进行二次发酵，60 ~ 90 分钟后停机（接近满模即可）。
5. 启动“蒸面包”程序即完成。

★ 手动投入蜜地瓜，避免投料盒变得难以清洗。

★ 若不使用蜜地瓜，可将地瓜烤至七八分熟，再切丁使用。

Tips

04

黑芝麻地瓜吐司

蒸熟的地瓜放进面团一起搅拌，加上黑芝麻画龙点睛，朴实又带有香气！

材料

高筋面粉	250g
水	115g
蒸熟地瓜	120g
砂糖	15g
奶油	15g
盐	2g
酵母粉	3g

果实投料盒

黑芝麻	25g

做　法

选择程序：吐司面包／投料

所有材料放入面包机，黑芝麻放在投料盒，启动“吐司面包”程序，等时间一到，香喷喷的吐司就出炉啰！

★ 建议开始揉面前3~5分钟先用锡箔纸盖住（酵母落下前都可以），以免材料洒出来，并随时观看面团状况，直到面团成形即可将锡箔纸移开。

Tips

05

可乐核桃吐司

消气的可乐还能拿来做什么呢？加进吐司，淡淡的可乐风味非常特别。

材料

高筋面粉	250g
可乐	175g
砂糖	10g
奶油	15g
盐	2g
酵母粉	3g

果实投料盒

核桃	60g

★ 若使用刚开瓶的可乐，建议先煮沸消气后再使用，切记最后水量共需 175g。

★ 核桃先用 150℃烤 5~7 分钟，冷却之后再投料，香气会更明显。

★ 可乐本身已有甜味，砂糖可省略或酌量添加。

Tips

做　法

选择程序：吐司面包 / 投料

所有材料放入面包机，核桃放在投料盒，启动“吐司面包”程序，等时间一到，香喷喷的吐司就出炉啰！

06

杏仁苹果核桃吐司

苹果包在吐司里面，仿佛甜点般的感觉，味道层次很丰富。

材料

* 苹果馅

苹果丁	150g
奶油	10g
砂糖	10g

* 奶油、砂糖以平底锅加热，融化且搅拌均匀之后，加入苹果丁（约1.5cm），炒到苹果表面微透即可❶，放凉备用。

* 杏仁馅

奶油	15g
糖粉	20g
蛋液	20g
奶粉	15g
杏仁粉	10g

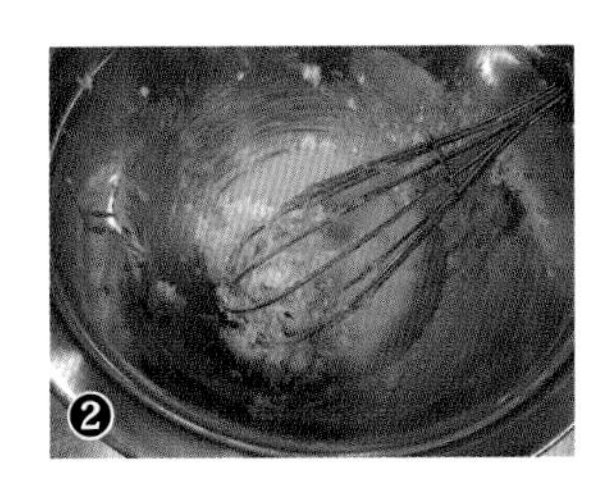

* 奶油置于室温软化后，加入糖粉、蛋液拌匀❷；最后放入过筛的奶粉、杏仁粉搅拌均匀即可❸。

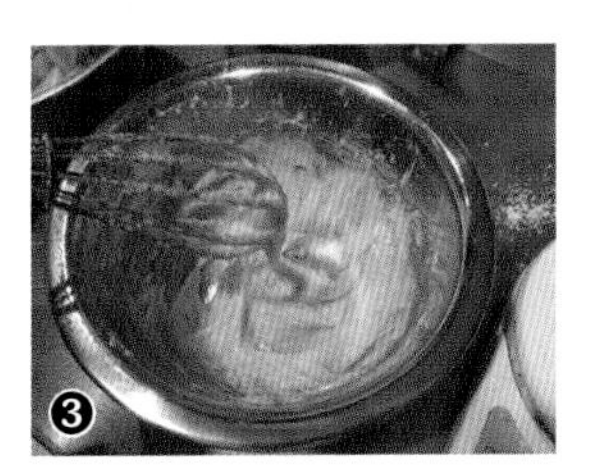

面团	
高筋面粉	220g
低筋面粉	30g
水	170g
砂糖	20g
奶油	15g
盐	2g
酵母粉	3g
整形	
核桃	20g

做 法

简易流程：面包面团 > 取出面团整形 > 生种酵母 > 蒸面包

1. 面团材料放入面包机，启动“面包面团”程序。
2. 手沾一些面粉，取出面团拍打使空气散出。分成 2 等份并滚圆，之后盖上湿布静置 10 分钟。
3. 将面团擀成 20cm × 25cm 的长方形，涂抹杏仁馅料❹，铺上一半的苹果丁，再撒上少许核桃❺。
4. 将面团卷起❻，收口接缝捏紧❼，最后卷成旋涡状❽。
5. 面团接缝处朝下放回面包机❾，启动“生种酵母”程序，进行二次发酵，60 ~ 90分钟后停机。
6. 启动“蒸面包”程序即完成。

★ 杏仁馅的分量刚好可做一条吐司。

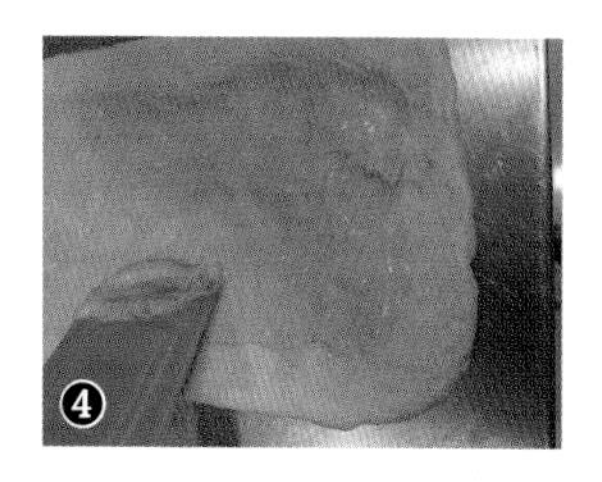

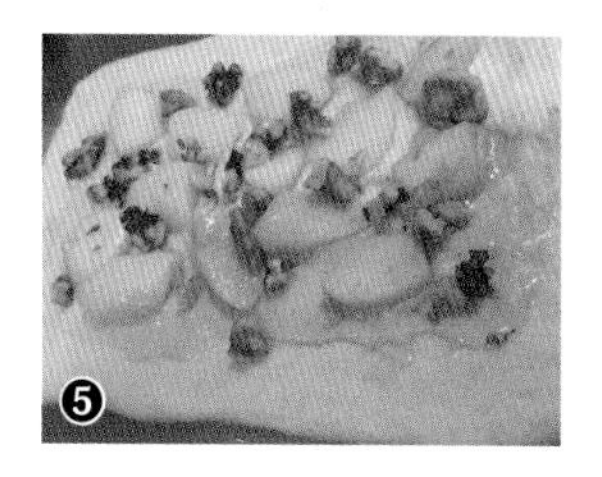

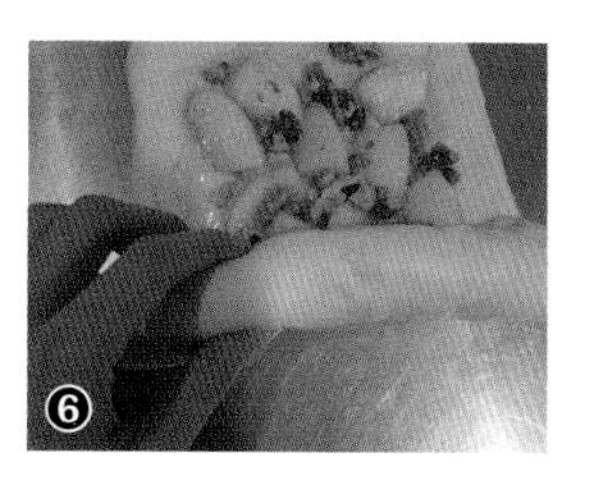

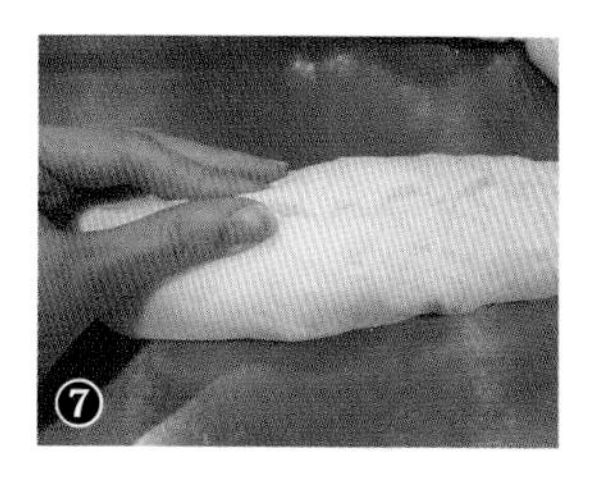

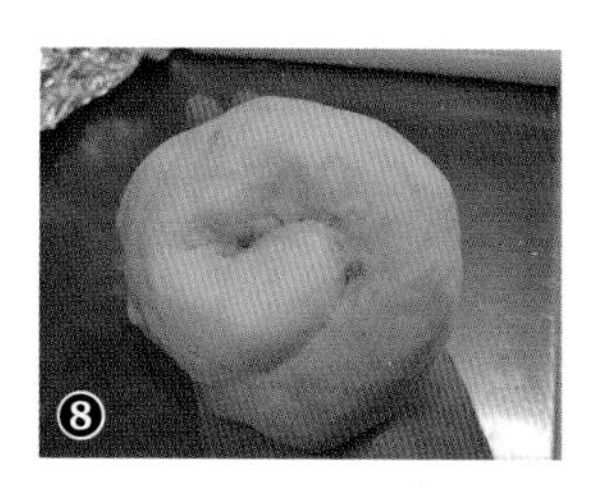

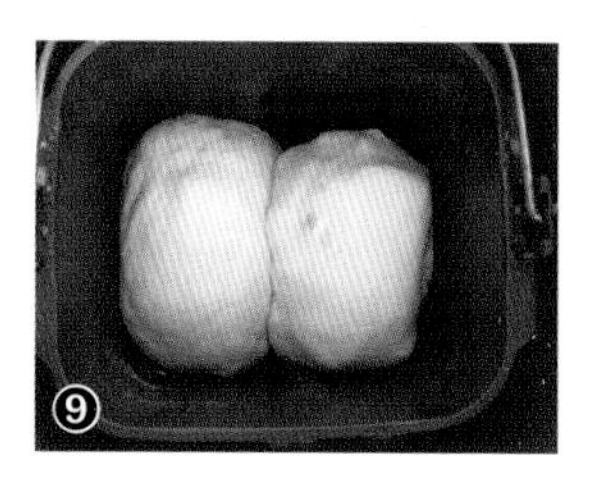

07

巧克力奶酥吐司

风味各异的巧克力与奶酥，味道十足又不会互相抢味。

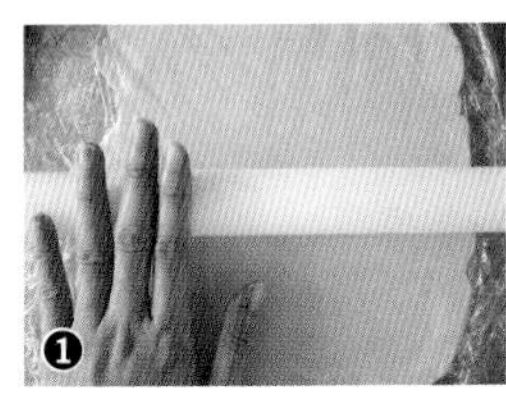

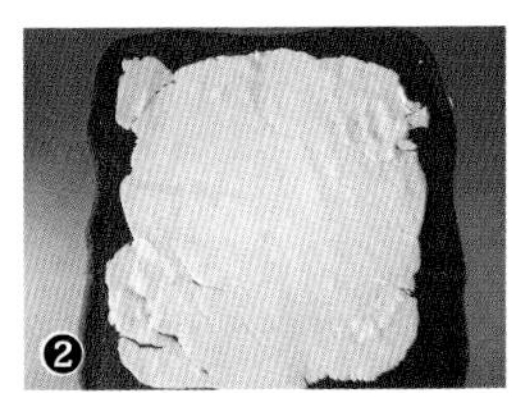

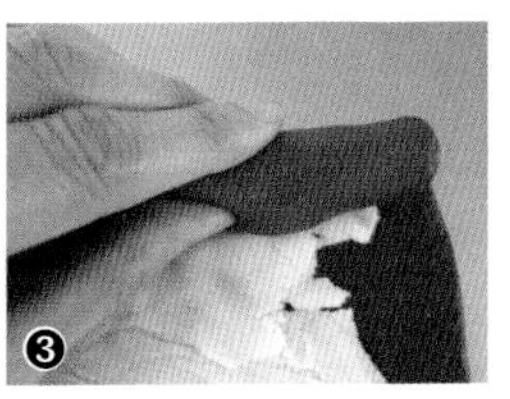

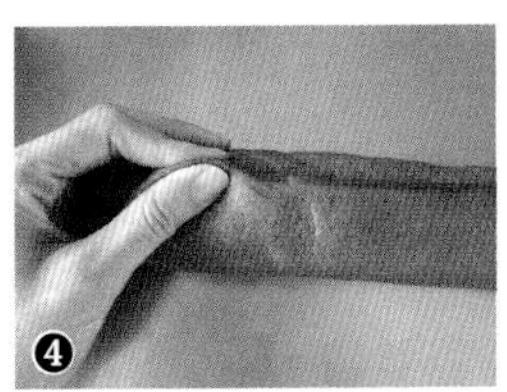

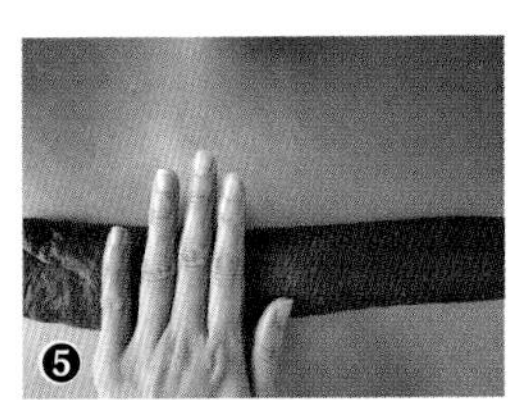

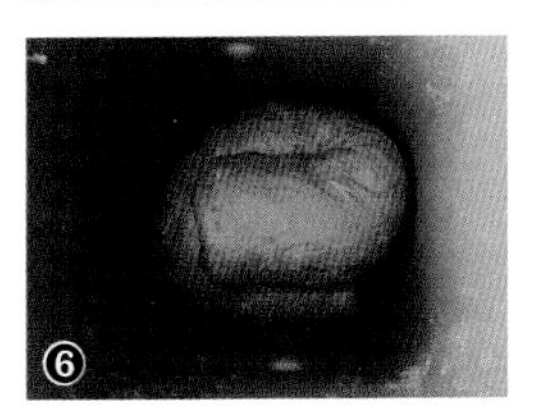

材料

高筋面粉	220g
无糖可可粉	30g
鲜奶	190g
砂糖	25g
奶油	20g
盐	2g
酵母粉	3g

整形

奶酥馅（做法详见 p158）	130g
杏仁粒	适量

做 法

简易流程：面包面团 > 取出面团整形 > 生种酵母 > 蒸面包

1. 将奶酥放入塑料袋或隔着保鲜膜擀成 27cm × 27cm 的正方形❶，先放冷藏备用。
2. 面团材料放入面包机，启动“面包面团”程序。
3. 从面包机取出面团，拍出空气并滚圆，盖上湿布或锡箔纸醒面 10 分钟。
4. 将面团擀成 30cm × 30cm 的正方形，铺上奶酥馅❷，将面团卷起来❸，收口接缝捏紧❹。
5. 轻轻将面团搓揉得再长一点❺，放入面包机填满底部，并保留部分面团在第二层❻。
6. 启动“生种酵母”程序，进行二次发酵，60 ~ 80 分钟后停机。
7. 烘烤前，在面团表面喷上一层水，撒上适量的杏仁粒。启动“蒸面包”程序即完成。

★ 巧克力面团加了鲜奶，面团温度相对较低，发酵会稍慢，无论是一次发酵或二次发酵，都需多等几分钟。

Tips

08

紫薯吐司

紫色的地瓜不仅好吃，在视觉上也是种享受呢！

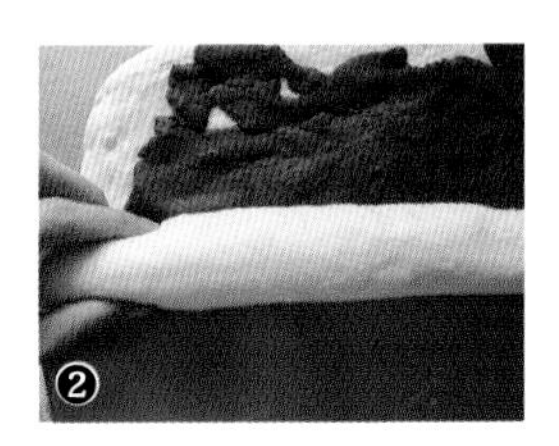

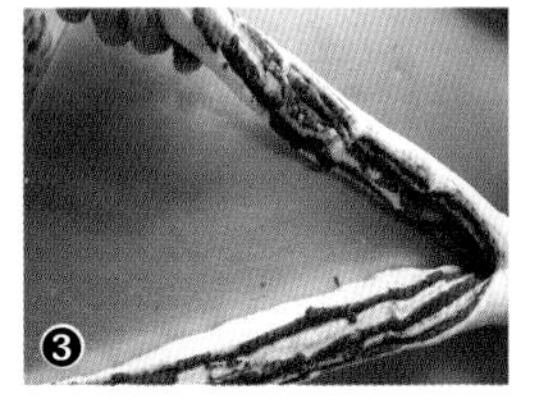

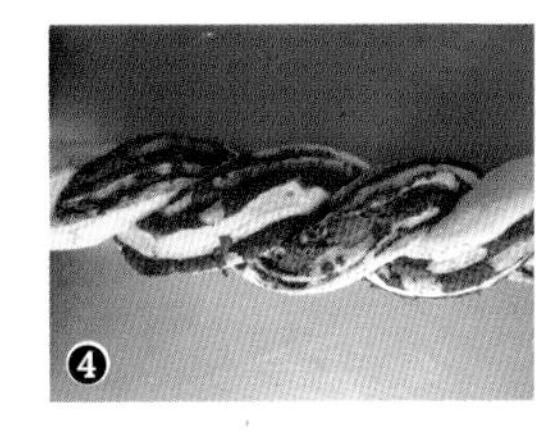

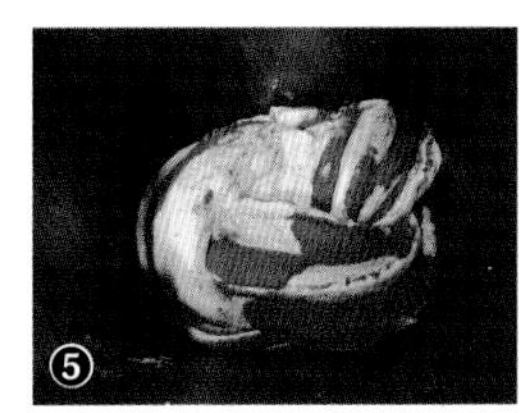

材料

高筋面粉	250g
水	170g
砂糖	20g
奶油	15g
盐	2g
酵母粉	3g

整形

紫薯馅（做法详见 p154）	120g
杏仁片	少许

做　法

简易流程：面包面团 > 取出面团整形 > 生种酵母 > 蒸面包

1. 面团材料放入面包机，启动“面包面团”程序。
2. 从面包机取出面团，拍出空气并滚圆，盖上湿布或锡箔纸醒面 10 分钟。
3. 面团擀成约 25cm × 30cm 的长方形，紫薯馅则擀成约 23cm × 27cm。将紫薯馅铺在上面❶，从长边卷起来❷，收口接缝捏紧。
4. 用刮板切开分成两条，顶端部分不切断❸，开始编辫子❹。
5. 最后头尾接合，放入面包机❺，启动“生种酵母”程序，进行二次发酵，60 ~ 90 分钟后停机。
6. 面包表面撒上少许杏仁片，启动“蒸面包”程序即完成。

★ 此款馅料较多的面包可多烤 3 ~ 5 分钟，以防脱模后因内馅太多太重，散发的湿气使面包塌陷。

09

味噌核桃吐司

味噌核桃颇有日式和风的感觉，微咸微甜的味道很值得一试哦！

材料

高筋面粉	250g
水	180g
砂糖	20g
奶油	15g
味噌	20g
盐	2g
酵母粉	3g

*** 味噌核桃**

味噌	10g
砂糖	10g
温水	10g
核桃	50g

* 味噌、砂糖、温水搅拌均匀❶，再拿刷子沾取，刷在核桃上❷。

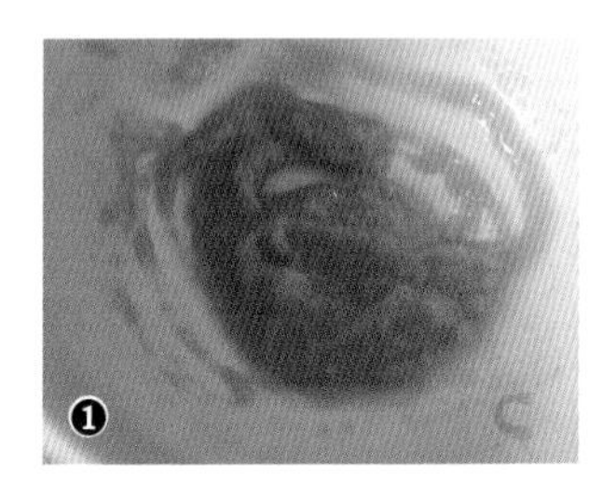

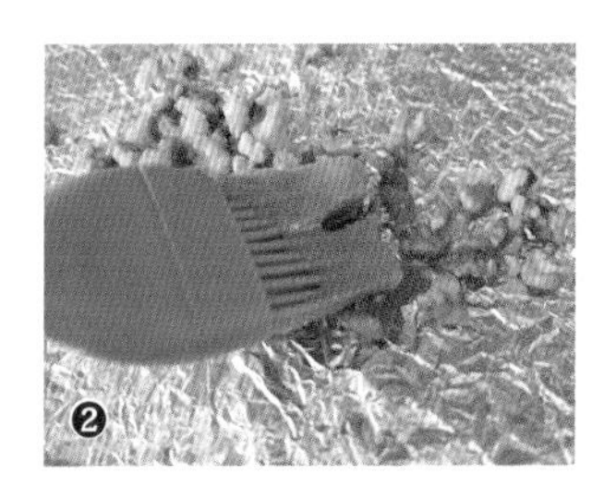

做 法

选择程序：吐司面包 / 投料

1. 烤箱设定 150℃，将味噌核桃烘烤 5 ~ 8 分钟，之后放凉备用。
2. 所有材料放入面包机，设定投料提醒，启动“吐司面包”程序。待投料提示音响起，投入味噌核桃。等时间一到，香喷喷的吐司就出炉啰！

★ 手动投入核桃，避免投料盒变得难以清洗。

10

九层塔奶酪吐司

九层塔与奶酪非常搭，香气十足的九层塔，与面团搅在一起时真是一大享受。

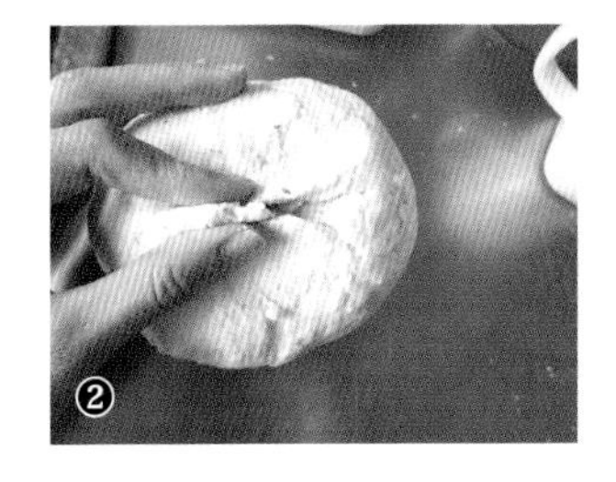

材料

高筋面粉	250g
水	175g
砂糖	15g
油	10g
盐	2g
酵母粉	3g

投料

高熔点奶酪	75g
九层塔	5g

做 法

选择程序：吐司面包 / 投料、轻搅拌

1. 九层塔清洗后擦干备用❶。
2. 面团材料放入面包机，选择“吐司面包”程序并设定投料提醒，以及启动“轻搅拌”功能。待投料提示音响起，投入奶酪与九层塔。等时间一到，香喷喷的吐司就出炉啰！

★ 建议手动投料，避免投料盒变得难以清洗。

★ 面包机揉面完成，进行发酵之前，可检查配料是否均匀地分布在面团上，若不均匀，可取出面团简单折叠后整成圆形，收口收紧❷，再放回面包机继续发酵。

★ 即使是“轻搅拌”，奶酪还是很难保留完整的形状，碎块为正常现象。

Tips

11

马铃薯香肠吐司

把马铃薯加进面团一起搅拌，吐司会变得更湿润柔软，搭配德国烟熏香肠，就是非常好吃的咸口味吐司。

材料

高筋面粉	250g
蒸熟马铃薯	120g
水	120g
砂糖	15g
油	10g
盐	2g
酵母粉	3g

投料

德式烟熏香肠	75g

★ 开始揉面前 3~5 分钟先用锡箔纸盖住，成团后即可移开（参考 p46 做法 1）

★ 手动投入香肠，避免投料盒变得难以清洗。

★ 面包机揉面完成，进行一次发酵之前，可检查香肠是否均匀地分布在面团上，若不均匀❸，可取出面团简单拍打❹，整成圆形后收口收紧❺，再放回面包机继续发酵。

做法

选择程序：吐司面包 / 投料、轻搅拌

1. 马铃薯切片后蒸熟❶，香肠切片❷。
2. 面团材料放入面包机，选择“吐司面包”程序并设定投料提醒，以及启动“轻搅拌”功能。待投料提示音响起，投入香肠。等时间一到，香喷喷的吐司就出炉啰！

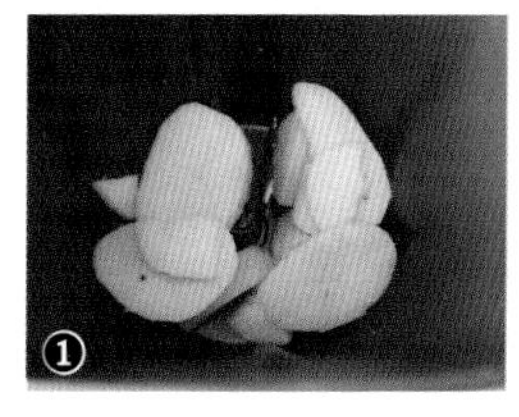

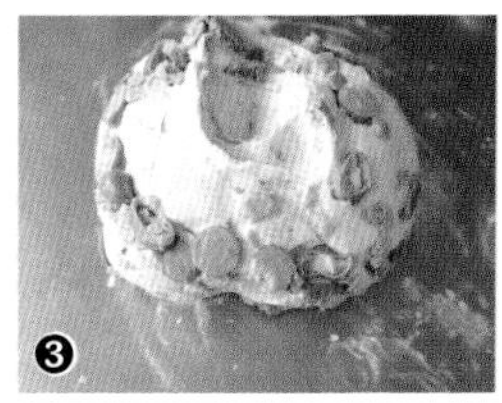

12

培根洋葱吐司

把培根、洋葱先烤出香味，再放入吐司里面，咸香好吃。

材料

高筋面粉	250g
水	175g
砂糖	15g
奶油	15g
盐	2g
酵母粉	3g

投料

培根	65g
洋葱	60g

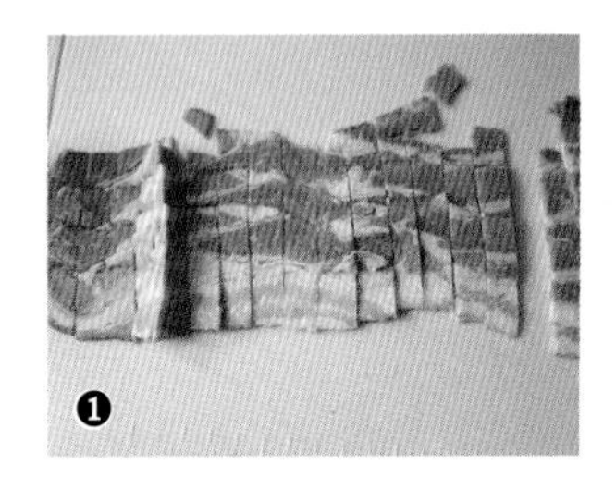

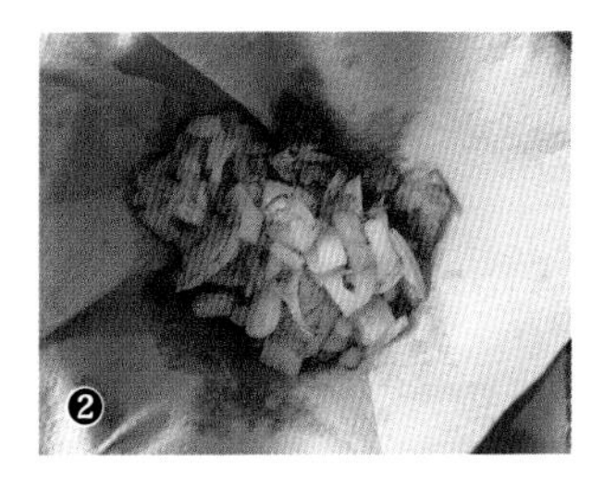

做 法

选择程序：吐司面包／投料、轻搅拌

1. 培根切片❶，与洋葱放入烤箱，设定150℃烘烤约15分钟后，简单用厨房纸巾吸附油脂与水分❷，放凉后备用（也可以用锅以干炒的方式完成）。
2. 面团材料放入面包机，选择“吐司面包”程序并设定投料提醒，以及启动“轻搅拌”功能。待投料提示音响起，投入洋葱及培根。等时间一到，香喷喷的吐司就出炉啰！

★ 建议手动投料，避免投料盒变得难以清洗。

★ 面包机揉面完成，进行发酵之前，可检查配料是否均匀地分布在面团上，若不均匀，可取出面团简单折叠后整成圆形，收口收紧，再放回面包机继续发酵。

My heart

13

全麦豆腐餐包

吃得出淡淡豆腐清香的餐包，加上黑芝麻，味道变得更浓郁了。

材料

高筋面粉	190g
麸皮面粉	60g
水	20g
豆腐	175g
油	15g
糖	10g
盐	2g
酵母粉	3g

整形

黑芝麻	适量
白芝麻	适量

做 法

简易流程：面包面团 > 取出面团整形 > 生种酵母 > 蒸面包

1. 面团材料放入面包机，启动“面包面团”程序。
2. 手沾一些面粉，取出面团拍打使空气散出，分成 12 等份并滚圆。
3. 在面团表面刷上薄薄的水❶，分别沾取芝麻❷。移除搅拌棒，面团放回面包盆，颜色相间一层摆放 6 颗，两层总共放 12 颗。
4. 启动“生种酵母”程序，进行二次发酵，60 ~ 90 分钟后停机。
5. 启动“蒸面包”程序即完成。

★ 做法 3 面团表面不要沾太多水，避免面团过湿。

★ 面团底部收口若没收紧，将会影响发酵。

★ 可依喜好做成不同等份。

Tips

14

胡萝卜洋芋餐包

铺上奶酪丝的咸味餐包，烘烤后风味满分！

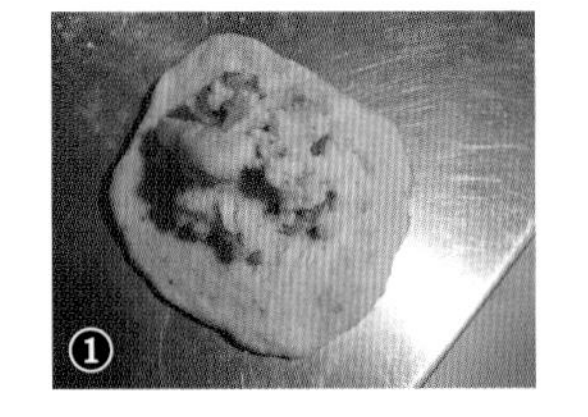

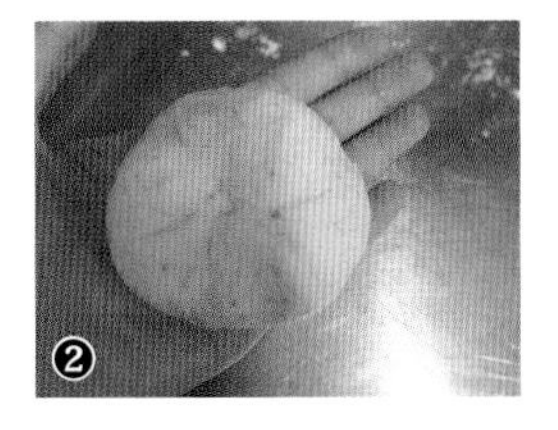

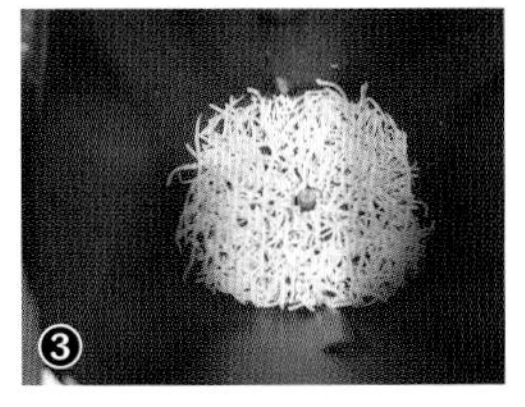

材料

高筋面粉	200g
水	84g
胡萝卜丝	70g
奶油	10g
糖	15g
盐	2g
酵母粉	2g

整形

洋芋（马铃薯）泥（做法详见p156）	240g
奶酪丝	适量

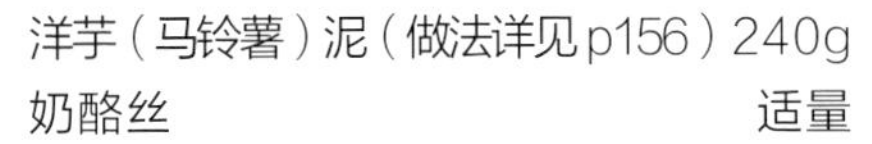

做　法

简易流程：面包面团 > 取出面团整形 > 生种酵母 > 蒸面包

1. 面团材料放入面包机，启动“面包面团”程序。建议开始揉面前 3 ~ 5 分钟先用锡箔纸盖住（酵母落下前都可以），以免材料洒出来，并随时观看面团状况，直到面团成团即可将锡箔纸移开。
2. 手沾一些面粉，取出面团拍打使空气散出。分成 8 等份并滚圆，盖上湿布或锡箔纸醒面 10 分钟。
3. 将面团拍打成圆饼状，分别放入 30g 的马铃薯泥❶，收口接缝捏紧❷。
4. 移除搅拌棒，在面包盆底层铺上一层奶酪丝❸，再摆放餐包，一层摆放 4 颗❹，总共可放 8 颗。
5. 启动“生种酵母”程序，进行二次发酵，60 ~ 90 分钟后停机。发酵完成后，于面团上方再铺一层奶酪丝❺。
6. 启动“蒸面包”程序即完成。

★ 若馅料刚从冰箱取出，因温度较低，易延缓面团发酵，发酵时间需多 10 ~ 20 分钟。

15

马苏里拉奶酪培根餐包

这款餐包添加西红柿与马苏里拉奶酪，以及少许的培根提味，是大人小孩都喜爱的口味。

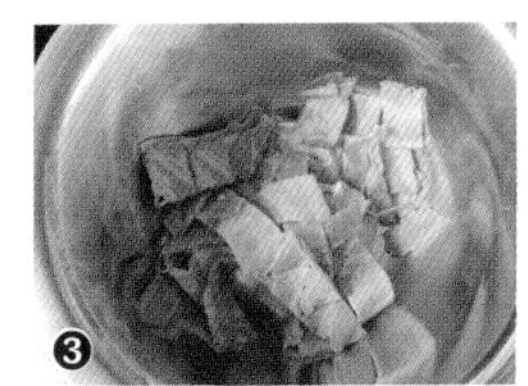

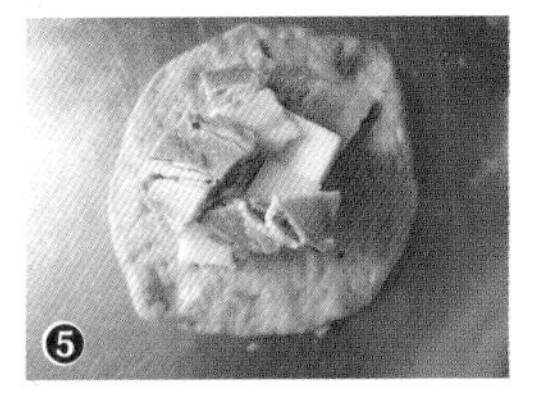

材料

高筋面粉	200g
水	40g
新鲜西红柿	100g
油	10g
糖	10g
盐	2g
罗勒叶	1 小匙
酵母粉	2g

整形

马苏里拉奶酪	100g
培根	40g

做 法

简易流程：面包面团 > 取出面团整形 > 生种酵母 > 蒸面包

1. 西红柿切小块❶、奶酪切丁❷，培根切片备用❸。
2. 面团材料放入面包机，启动“面包面团”程序。建议开始揉面前 3 ~ 5 分钟先用锡箔纸盖住（酵母落下前都可以），以免材料洒出来，并随时观看面团状况，直到面团成形即可将锡箔纸移开。
3. 手沾一些面粉，取出面团拍打使空气散出。分成 8 等份并滚圆❹，盖上湿布或锡箔纸醒面 10 分钟。
4. 将面团拍打成圆饼状，分别放入 12.5g 的奶酪和 6g 的培根❺，包好收口，接缝处捏紧。移除搅拌棒，面团放回面包盆，一层摆放 4 颗，总共可放 8 颗❻。

5. 启动“生种酵母”程序，进行二次发酵，60 ~ 90分钟后停机。发酵完成后，分别用剪刀在上层的4颗餐包上剪两刀，并把剪开的面团往外翻❼。

6. 启动“蒸面包”程序即完成。

★ 大西红柿或小西红柿都可以选用。

★ 马苏里拉奶酪烘烤后会拉丝，还能有爆浆效果，非常好吃！

Tips

16

大蒜吐司

多数大蒜口味的面包需要以烤箱烘焙，现在只要利用面包机，就能做出美味的大蒜吐司。

材料

面团

高筋面粉	200g
水	140g
砂糖	15g
奶油	15g
盐	2g
酵母粉	2g

*** 大蒜奶油**

奶油	80g
大蒜泥	12g
盐	2g

* 1. 奶油装进保鲜袋内于室温软化，不要刻意加热。

2. 再将大蒜泥和盐放进保鲜袋，隔着袋子把材料搓揉均匀，擀成15cm×15cm的正方形，冷藏备用。

整形

巴西里叶	适量

做　法

简易流程：面包面团 > 取出面团整形 > 生种酵母 > 蒸面包

1. 面团材料放入面包机，启动“面包面团”程序。
2. 从面包机取出面团，拍出空气并滚圆，盖上湿布或锡箔纸醒面5～10分钟。

3. 面团擀成 25cm×25cm 的正方形，直接剪开大蒜奶油的保鲜袋❶，取出后放在面团中间❷，由四个角往内折❸，并把收口接缝捏紧❹。

4. 将面团擀成 20cm×30cm 的长方形❺，折叠 2 次❻ ❼。之后切两刀分成三条❽，顶端部分不切断，开始编辫子❾。

5. 最后头尾接合，放入面包机❿，启动“生种酵母”程序，进行二次发酵，约 60 分钟后停机。

6. 启动“蒸面包”程序，烘烤 30 分钟提前停机即完成。

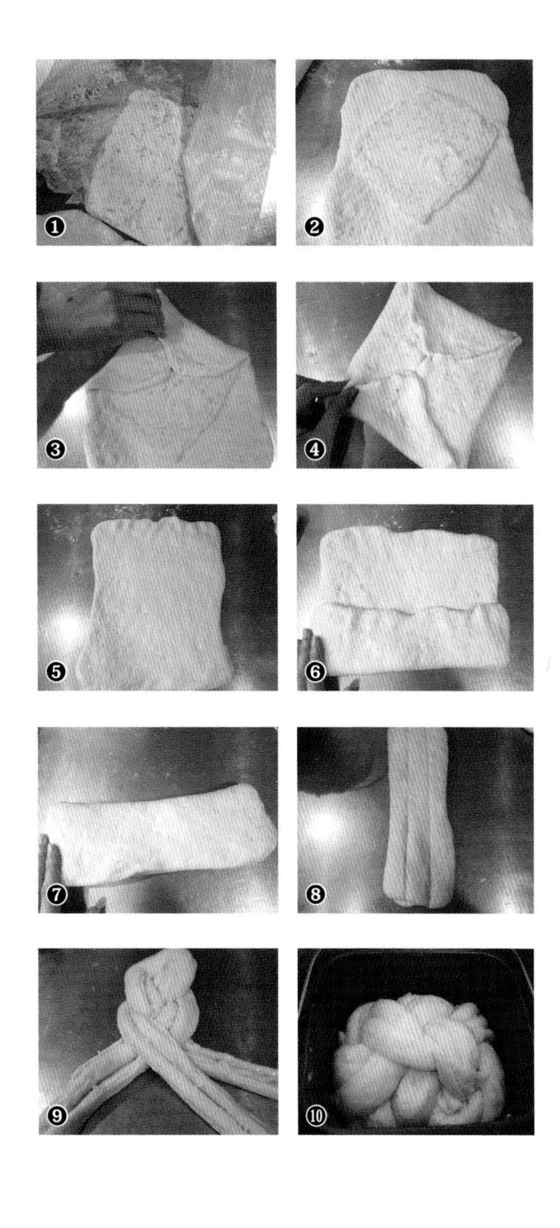

★ 这样的编法，奶油可以均匀地分布在吐司里。

★ 脱模后趁热气还在，撒上巴西里叶，增添香气层次。

★ 重要提醒！
脱模时，避免锅内热奶油外流，请大家特别注意别被烫伤了。

17

超人气葱花卷

谢谢当初读者们向辣妈反映，很多面包机的使用者家中并无烤箱，又希望能吃到上一本书里的葱烧饼……于是辣妈突发奇想，改成葱花面包的版本，大受网友好评！

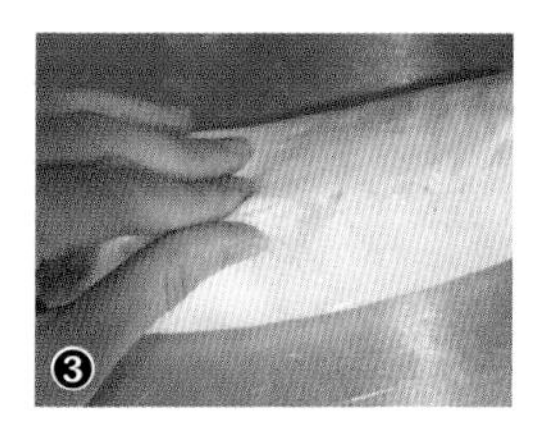

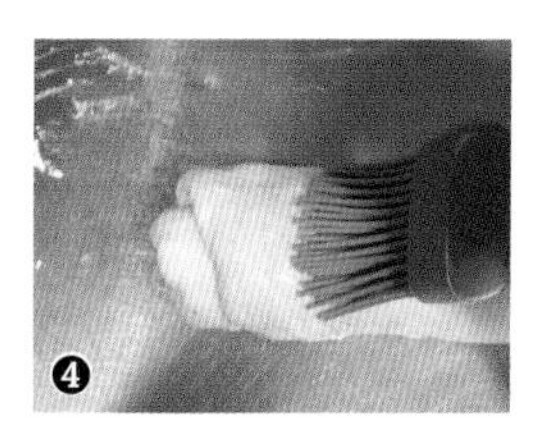

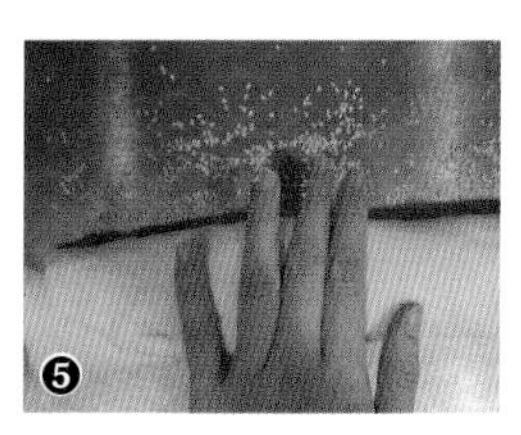

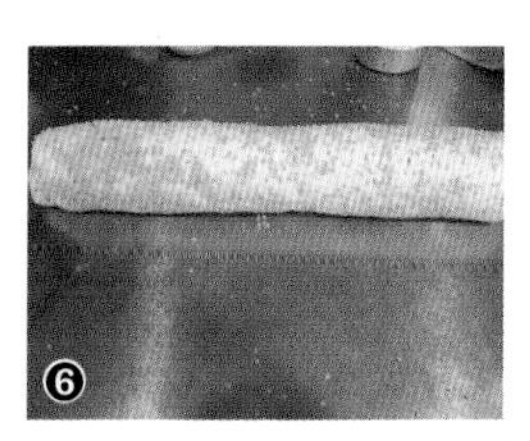

材料

材料	用量
高筋面粉	250g
水	175g
砂糖	15g
油	15g
盐	2g
酵母粉	3g

葱花

材料	用量
葱花	90g
盐	2g
油	15g
黑胡椒	适量

整形

材料	用量
白芝麻	适量

做　法

简易流程：面包面团 > 取出面团整形 > 生种酵母 > 蒸面包

1. 面团材料放入面包机，启动“面包面团”程序。
2. 从面包机取出面团，拍出空气并滚圆，盖上湿布或锡箔纸醒面 10 分钟。趁此时将葱花材料拌匀即可。
3. 面团擀成 25cm × 35cm 的长方形，铺上葱花材料❶，由长边开始卷❷，卷的同时轻轻往回拉，会卷得比较紧，最后收口接缝捏紧❸。
4. 面团表面刷上一层薄薄的水❹，桌上撒白芝麻，让面团在上面滚动❺，使每面都沾上芝麻❻。

5. 切成 8 等份❼，放回面包机，一层摆放 4 颗❽。启动“生种酵母”程序，进行二次发酵，60 ~ 90 分钟后停机。

6. 启动“蒸面包”程序即完成。

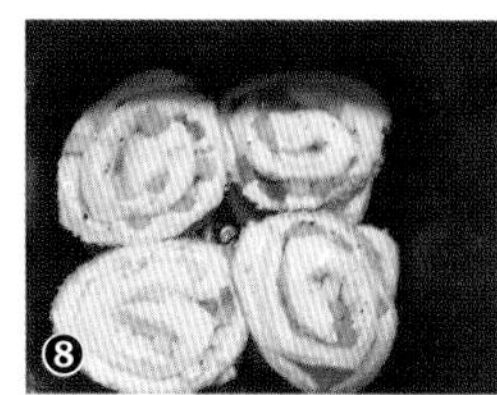

Tips

★ 脱模时，避免锅内油脂外流，请大家特别注意别被烫伤了。

★ 直接用手撕开，就能马上享用！

18

一次擀卷葡萄干吐司

整形时简单地做一次擀卷，口感将更上一层楼哦！

材料

高筋面粉	250g
水	175g
砂糖	15g
奶油	15g
盐	2g
酵母粉	3g

投料

葡萄干	70g

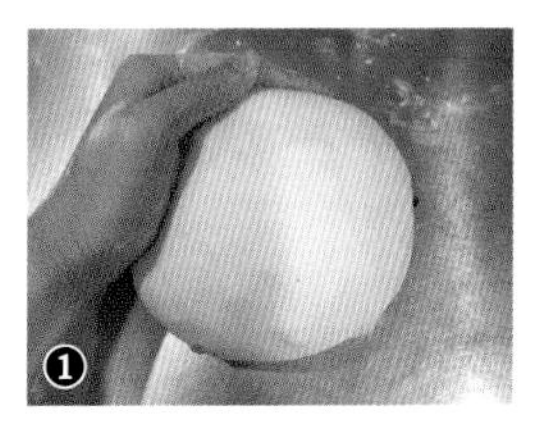

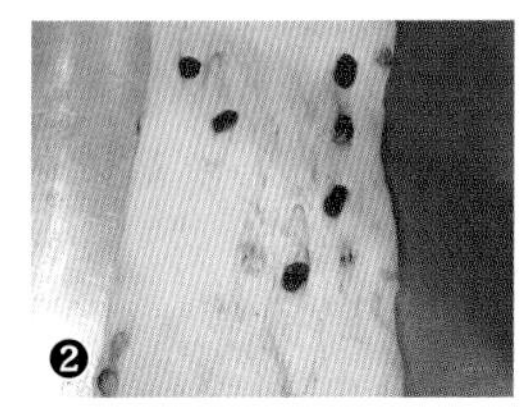

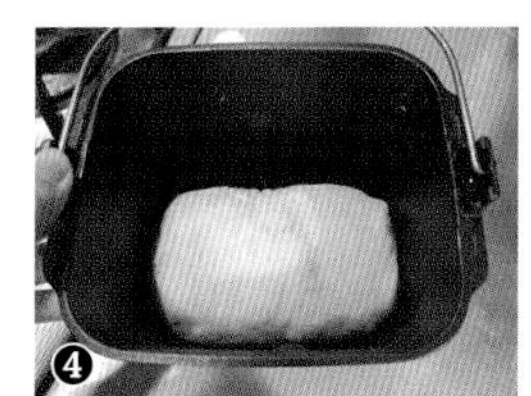

做 法

简易流程：面包面团 / 投料 > 取出面团整形 > 生种酵母 > 蒸面包

1. 面团材料放入面包机，设定投料提醒，启动“面包面团”程序。待投料提示音响起，投入葡萄干。
2. 从面包机取出面团，拍出空气并滚圆❶，盖上湿布或锡箔纸醒面 10 分钟。
3. 将面团擀成 30cm × 12cm 的长方形❷，宽度相当于面包盆❸。之后简单卷起，并将收口接缝捏紧。
4. 收口朝下放回面包机❹，启动“生种酵母”程序，进行二次发酵，60 ~ 90 分钟后停机。
5. 启动“蒸面包”程序即完成。

★ 葡萄干不要再增量，避免影响发酵。

★ 不同的擀卷方式，口感也各异。可把之前做过的吐司，以此种擀卷方式做做看，体验不同的口感。

19

辫子蔓越莓吐司

编一条简单的辫子，就能让切开的吐司呈现交错的纹路。

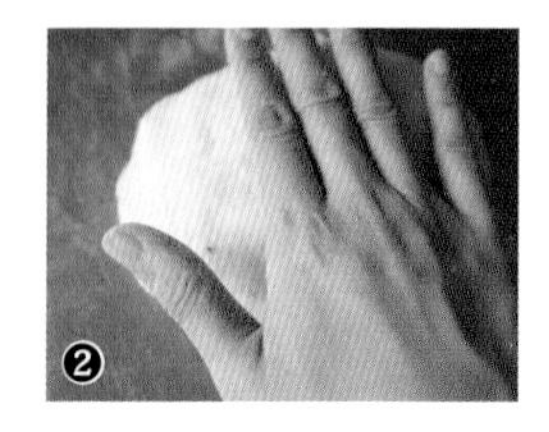

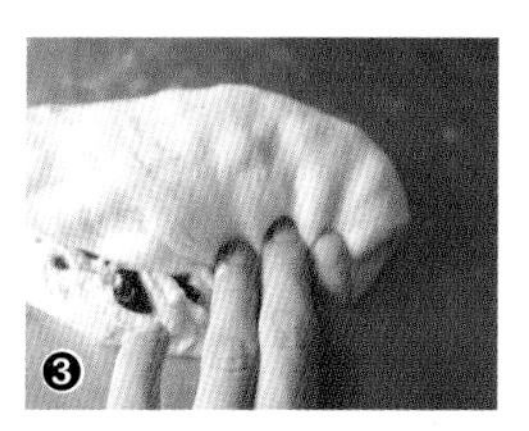

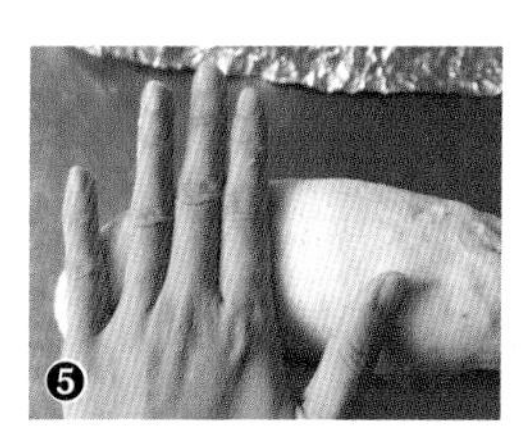

材料

高筋面粉	250g
鲜奶	90g
水	95g
奶油	15g
糖	20g
盐	2g
酵母粉	3g

果实投料盒

蔓越莓	60g

做 法

简易流程：面包面团 / 投料 > 取出面团整形 > 生种酵母 > 蒸面包

1. 所有材料放入面包机，蔓越莓放在投料盒，设定投料提醒，启动“面包面团”程序。
2. 手沾一些面粉，取出面团拍打使空气散出。分成 2 等份并滚圆❶，盖上湿布或锡箔纸醒面 10 分钟。
3. 分别将面团拍平❷，往内折成条状❸ ❹，再用手搓成约 30cm 的长条状❺。之后两条辫子缠绕数次形成简单的辫子❻ ❼。

★ 投料提示音响起，可翻盖检查蔓越莓是否均匀地分布在面团上。若不够均匀，可取出面团简单折叠后，整成圆形，再放入面包机继续完成程序。

4. 最后头尾接合❽，收口朝下放入面包机❾，启动“生种酵母”程序，二次发酵 60 ~ 90 分钟后停机。
5. 启动“蒸面包”程序即完成。

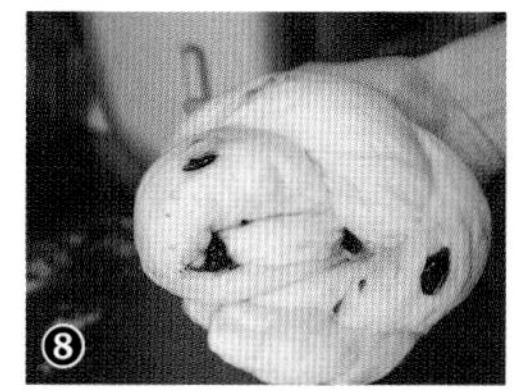

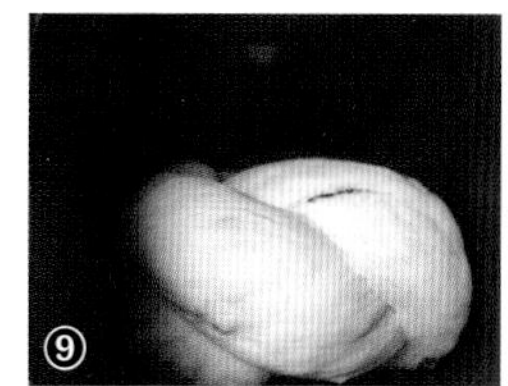

第3章

超柔软面包

希望烤出来的面包柔软好吃，方法有很多种，例如增加奶油的量、以低筋或法国面粉取代部分的高筋面粉、使用汤种、冷藏发酵、冷藏液种或水合法等，都能让吐司变得柔软。

20

糖渍苹果巧克力面包

加入低筋面粉的面包非常柔软，搭配甜软的苹果，加上酥脆的巧克力奶酥与核桃，口感层次超丰富！

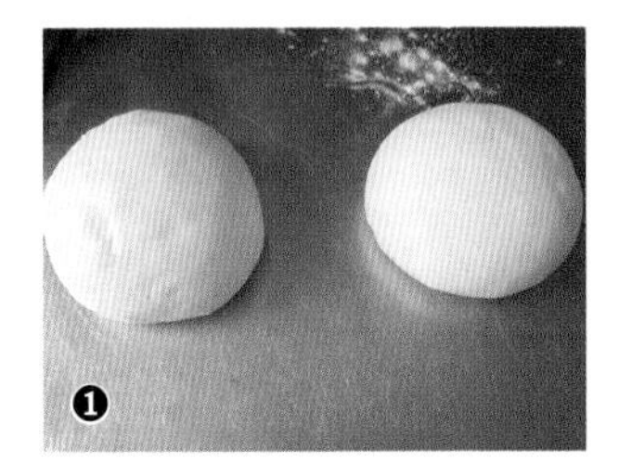

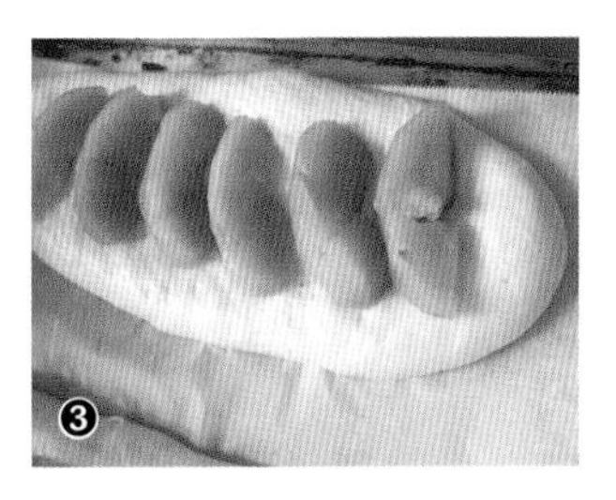

材料

高筋面粉	170g
低筋面粉	30g
水	140g
奶油	10g
砂糖	20g
盐	2g
酵母粉	2g

整形

糖渍苹果	12 片
巧克力奶酥（详见 p157）	适量
核桃	30g
糖粉	适量

做　法

简易流程：面包面团 > 取出面团整形 > 二次发酵 > 烤箱烘烤

1. 面团材料放入面包机，启动“面包面团”程序。
2. 手沾少许高筋面粉，取出面团拍打使空气散出。分成 2 等份并滚圆❶，盖上湿布或锡箔纸醒面 10 分钟。
3. 擀成椭圆形置于烤盘上❷，盖上湿布或锡箔纸，进行二次发酵约 30 分钟。
4. 发酵完成后，在面团表面摆放糖渍苹果❸以及巧克力奶酥、核桃❹。
5. 烤箱预热 190℃，烘烤 12 ~ 14 分钟，放凉后撒上糖粉装饰即完成。

糖渍苹果的做法

1. 苹果 250g 去皮去心，切成 12 片（薄片容易入味，但也较容易软烂）。
2. 移除搅拌棒，将砂糖、水放入面包机，启动“糖渍水果”行程。加热时，适时地用筷子搅动使砂糖 80g 与水 250g 完全融合，再放入苹果，煮约 30 分钟即可视情况提前停机。
3. 冷却之后，将苹果与糖水一起倒入存放盒，即可立刻食用。

糖渍苹果搭配甜点或面包，会更增添成品的细致度。

可依喜好增减糖分。

Tips

★ 低筋面粉越多面包越松软，但是筋性也相对比较低，面包就不耐放，建议低筋面粉分量不用再增加。

★ 面包较薄，不用烤太久。

21

南瓜花花面包

以少量的法国面粉取代高筋面粉，加上南瓜内馅烘烤后散出的水气，面包在口感上完全是极度柔软呢！

材料

高筋面粉	220g
法国面粉	30g
水	50g
蒸熟南瓜（连皮）	170g
奶油	10g
砂糖	15g
盐	2g
酵母粉	3g

整形

南瓜泥（做法详见 p150）	160g
杏仁片	适量

❶

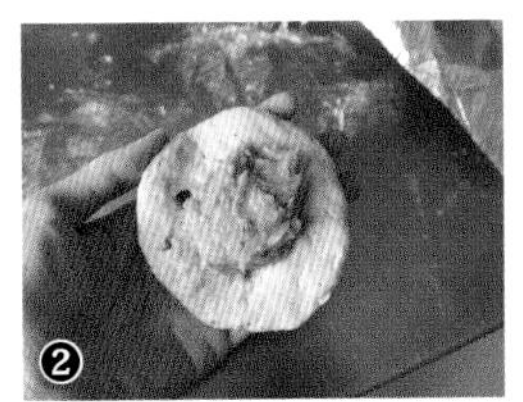
❷

❸

❹

做　法

简易流程：面包面团 > 取出面团整形 > 二次发酵 > 烤箱烘烤

1. 面团材料放入面包机，启动“面包面团”程序。
2. 手沾少许高筋面粉，取出面团拍打使空气散出。分成 8 等份并滚圆❶，盖上湿布或锡箔纸醒面 10 分钟。
3. 将面团拍打成圆饼状，分别放入 20g 的南瓜泥❷，接缝处捏紧，收口朝下置于烤盘上❸。
4. 先在剪刀上喷水，于面团四周剪出 6 条痕迹❹。盖上湿布或锡箔纸，进行二次发酵 25 ~ 35 分钟（发到原本的 1.5 ~ 2 倍大即可）。

★ 南瓜泥不易成团，包馅难度较高，建议刚开始少放一点，或稍微拍打增加面团的面积，包馅作业会比较顺利。

★ 每个南瓜含水分不尽相同，可依实际情况增减水分。

Tips

5. 发酵完成后，在面团表面喷水❺，中间放上适量的杏仁片❻。烤箱预热190℃，烘烤 10 ~ 12 分钟即完成。

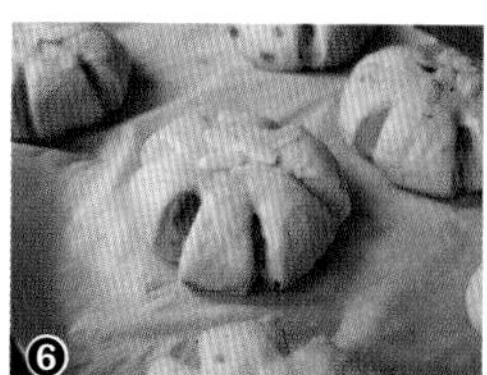

22

汤种热狗堡

加了汤种面团，即使使用麸皮面粉还是可以很柔软哦。

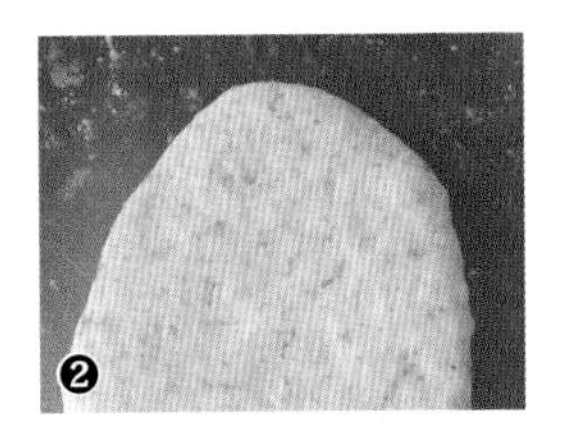

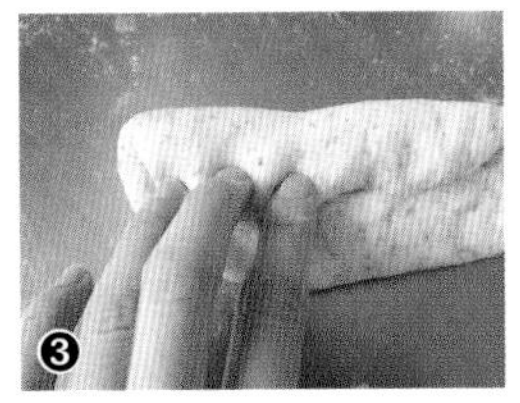

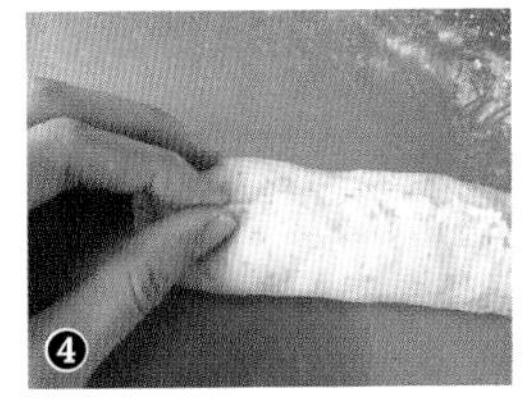

材料

高筋面粉	190g
麸皮面粉	60g
汤种（做法详见 p159）	85g
水	120g
奶油	20g
砂糖	15g
盐	2g
酵母粉	3g

做　法

简易流程：面包面团＞取出面团整形＞二次发酵＞烤箱烘烤

1. 所有材料放入面包机，启动“面包面团”程序。
2. 手沾少许高筋面粉，取出面团拍打使空气散出。分成 6 等份并滚圆❶，盖上湿布或锡箔纸醒面 10 分钟。
3. 拍打成椭圆扁状❷，凹凸不平的那一面朝上，从长边开始往内卷❸，收口接缝捏紧❹。
4. 收口朝下置于烤盘上❺，盖上湿布或锡箔纸，进行二次发酵 25 ~ 35 分钟（发到原本的 1.5 ~ 2 倍大即可）。
5. 发酵完成后，在面团表面喷水。烤箱预热 190℃，烘烤 12 ~ 14 分钟即完成。

★ 搭配热狗、蔬菜与适量的美乃滋及西红柿酱，就是丰盛的早餐啰！

23

水合法柠檬奶酪吐司

水合法（Autolyse）原文字面上有自我分解的意思。意指制作面包时不是一开始就将所有材料一起搅拌，而是先搅拌水、面粉，之后让面团休息至少 20 分钟（最长的放置时间是 2 小时），之后再放入其他材料搅拌成团。

另一种做法则是除了奶油与盐之外，其他材料先搅拌成团，放入冰箱冷藏 30 ~ 60 分钟，之后再加入奶油、盐一起拌匀。

本篇食谱采用后者，由于面粉与水有充分的时间混合、分解。之后能节省搅拌面团的时间，面包也较为细致柔软。

材料

高筋面粉	250g
水	175g
奶粉	15g
砂糖	20g
奶油	15g
盐	2g
酵母粉	3g

* 奶油奶酪抹酱

奶油奶酪	120g
砂糖	40g
柠檬汁	5g

* 奶油奶酪置于室温软化，再与柠檬汁、砂糖混合均匀即可❶。

❶

做　法

简易流程：乌龙面团＞取出面团整形＞生种酵母＞蒸面包

1. 除了奶油、盐，其余的面团材料放入面包机，启动“乌龙面团”程序，搅拌 3 ~ 5 分钟成团后停机，盖上保鲜膜冷藏 30 分钟。
2. 放入盐及奶油，再次启动“乌龙面团”程序搅拌 7 ~ 10 分钟，直到薄膜出现即可停机❷，取出面团整成圆形❸，启动“生种酵母”程序，进行发酵 50 ~ 60 分钟。
3. 取出面团拍打使空气散出，分成 2 等份❹。从长边往内卷起❺，收口接缝捏紧，盖上锡箔纸静置 10 分钟。
4. 分别将面团擀成长条形，涂上奶油奶酪❻，从短边开始卷起❼，收口接缝捏紧。
5. 面团分别完成后，放回面包机❽，启动“生种酵母”程序，进行二次发酵，60 ~ 90 分钟后停机。
6. 启动“蒸面包”程序即完成。

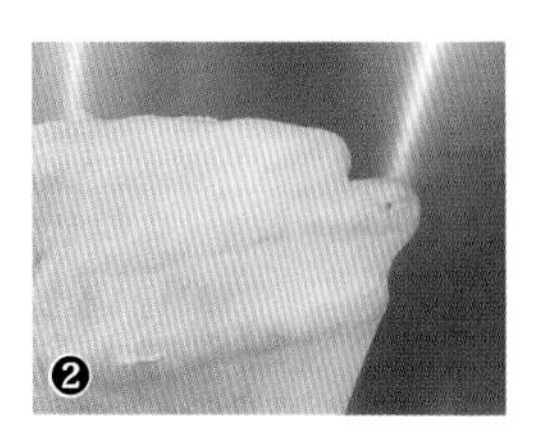

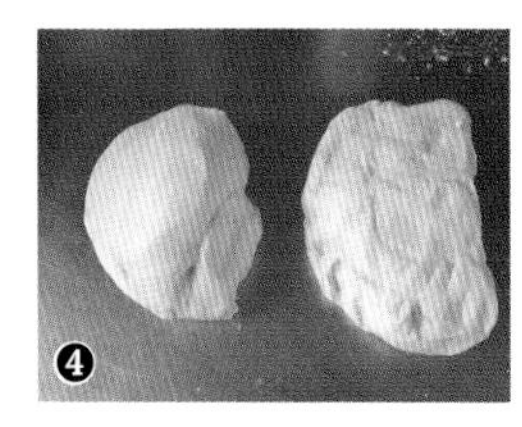

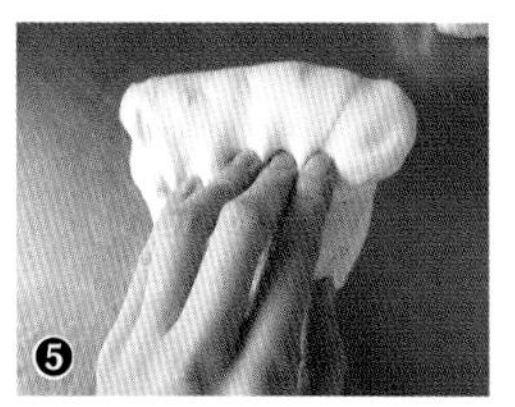

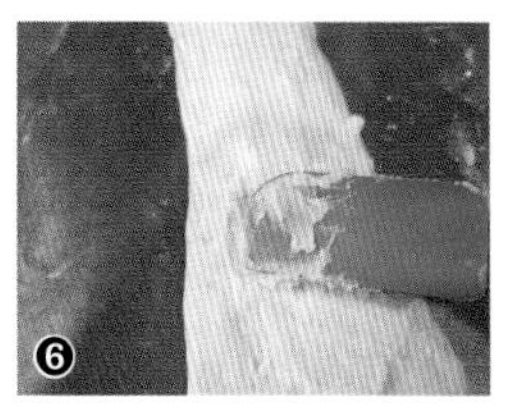

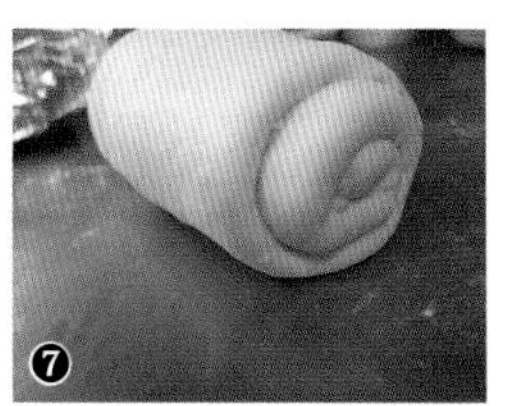

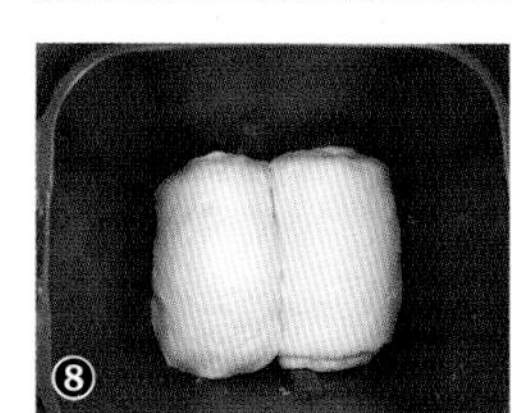

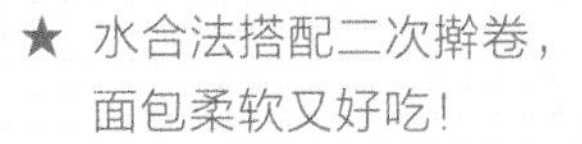

★ 水合法搭配二次擀卷，
面包柔软又好吃！

24

液种无油炼乳吐司

配合液种的制作方式，即使不添加任何油脂，也能使面包变得柔软无比哦！

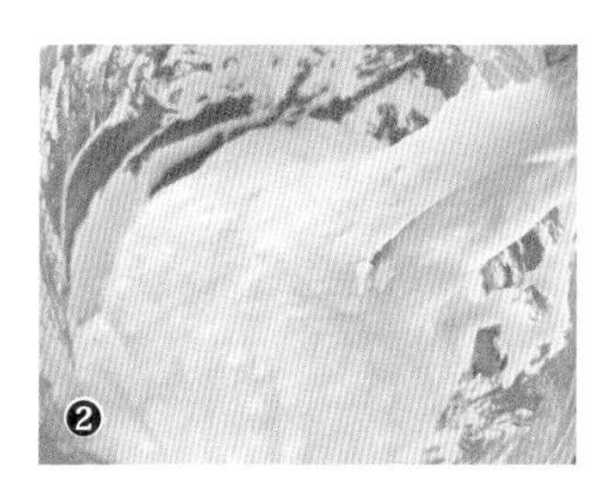

材料

高筋面粉	150g
水	70g
炼乳	30g
盐	2g
酵母粉	2.5g

*** 液种**

高筋面粉	100g
水	100g
酵母粉	0.3g

* 液种材料搅拌均匀❶，收进保鲜盒后盖上，先置于室温 1 小时，再冷藏 16 ~ 24 小时。

做　法

选择程序：吐司面包

从冰箱取出液种❷，与面团材料一起放入面包机，选择“吐司面包”程序，等时间一到，香喷喷的吐司就出炉啰！

★ 首次制作的新手，做法上可改成启动“面包面团”程序，再取出拍打简单整形，放回面包机发酵到接近满模，最后启动“蒸面包”程序。如此较能精准掌握面包发酵状况。

★ 相较于面包体的柔软，因为不添加油脂，表皮会稍微有点韧性。

第4章

地道中式糕点

从家常馒头到传统凤梨酥，以及甜不辣等夜市小吃都能自己制作！

25

桂圆馒头

中种法用的酵母粉比直接法减少一半，需要较多的发酵时间，却比老面法还省时！做出来的馒头面粉香气更浓厚，也多了份密实的口感。

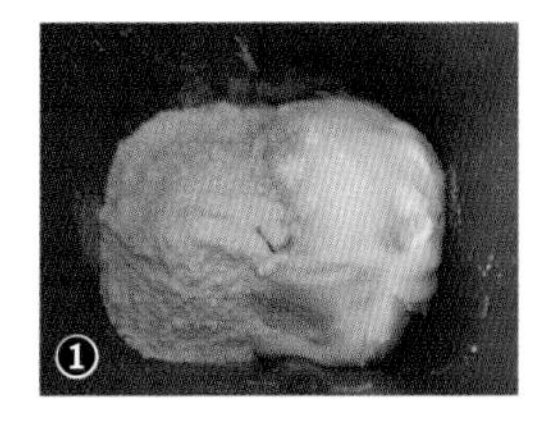

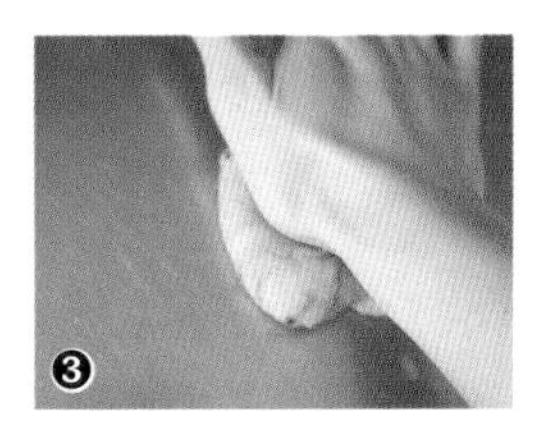

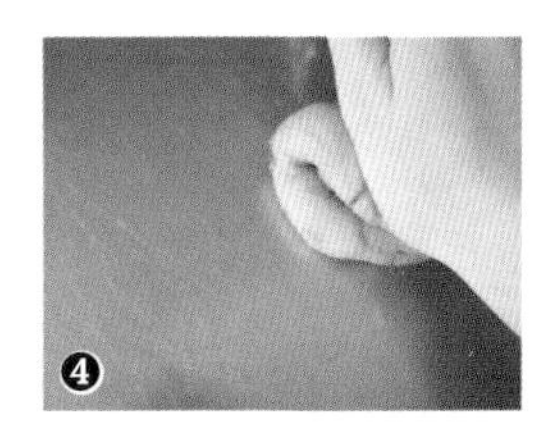

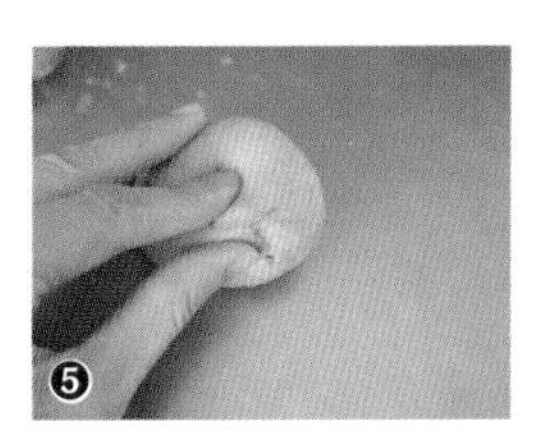

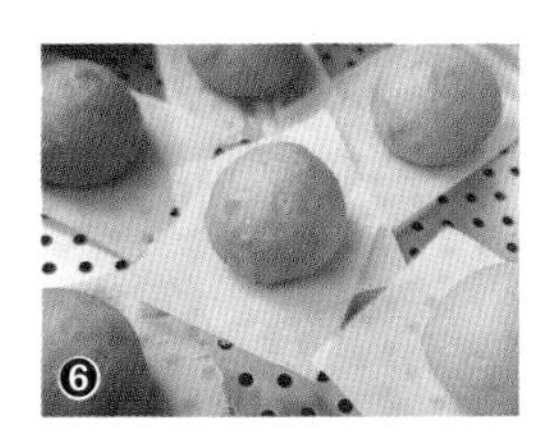

材料

中种面团

中筋面粉	130g
水	70g
酵母粉	1g

主面团

中筋面粉	70g
水	35g
黑糖	25g
油	10g
桂圆	50g

做 法

简易流程：面包面团 > 乌龙面团 > 取出面团整形 > 发酵 > 蒸

1. 中种面团材料放入面包机，启动“面包面团”程序。
2. 中种面团、主面团材料放入面包机❶，启动“乌龙面团”程序。停机后，面团继续在面包机里醒面 3 ~ 5 分钟。
3. 取出面团分成 6 等份❷，简单折叠按压挤出空气❸，光滑面朝外并滚圆❹，收口接缝捏紧❺。
4. 置于馒头纸上放进蒸笼❻，发酵 40 ~ 60 分钟❼。
5. 蒸笼内倒入冷水用中火开始蒸，等到水滚后 10 ~ 12 分钟即完成。

Tips

★ 若想保留完整的桂圆颗粒，建议在启动“乌龙面团”程序 10 分钟后另外手动投料。

★ 桂圆可事先泡水软化，再沥干备用。

26

芝麻包子

浓郁的黑芝麻内馅，其实做法很简单哦！

材料		*馅料	
中筋面粉	200g	黑芝麻粉	50g
水	105g	杏仁粉	10g
油	10g	黑芝麻粒	5g
糖	15g	油	30g
酵母粉	2g	糖粉	30g

* 馅料材料全部搅拌均匀分成 10 等份，放入冰箱冷藏备用❶。

整形

黑芝麻　　少许

做　法

简易流程：乌龙面团 > 取出面团整形 > 发酵 > 蒸

1. 面团材料放进面包机，启动“乌龙面团”程序。停机后，面团继续在面包机里醒面 3 ~ 5 分钟。
2. 将面团分成 10 等份并滚圆❷，之后静置 10 分钟。
3. 分别将面团拍成扁平状，放上芝麻馅❸。先将中间捏紧❹，另一对角再捏紧❺，最后收口接缝捏紧。放进蒸笼，发酵 30 ~ 40 分钟（发到原本的 1.5 ~ 2 倍大即可）。
4. 发酵完成后，在面团表面喷一层薄薄的水，沾上少许黑芝麻装饰❻。
5. 蒸笼内倒入冷水用中火开始蒸，等到水滚后 10 ~ 12 分钟即完成。

❶

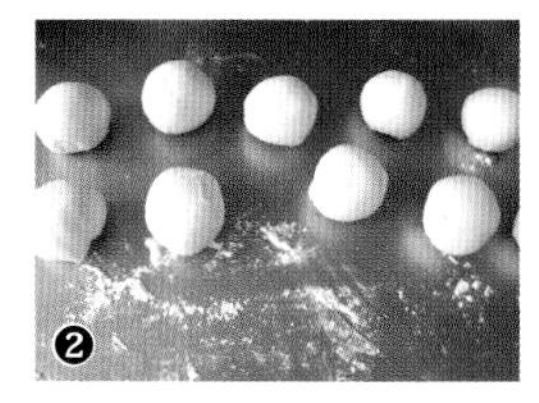
❷

❸

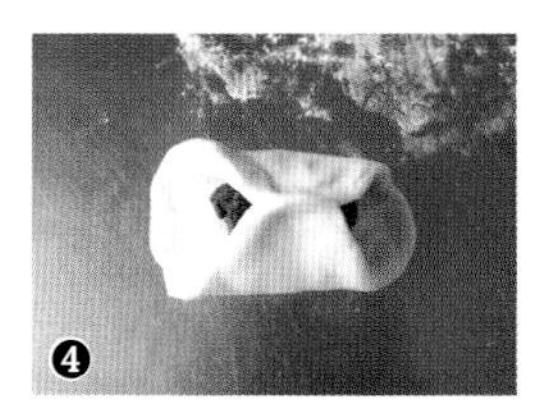
❹

❺

⑥

★ 若没有杏仁粉，可用黑芝麻粉替代。

★ 内馅添加少许黑芝麻粒，可感受到直接咬到黑芝麻散发出来的香气，口感更加丰富。

Tips

27

面龟

剥去红色外皮，我可以一大早就吃完一整颗，非常有满足感。

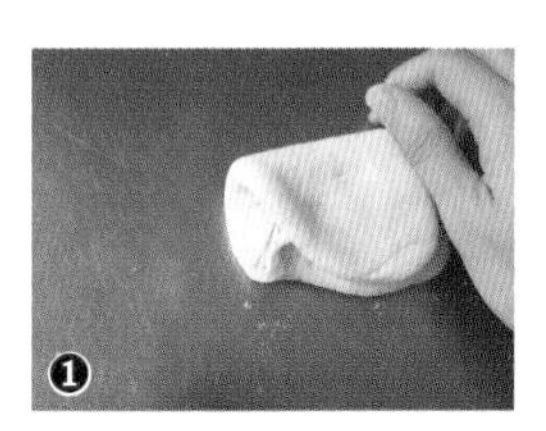

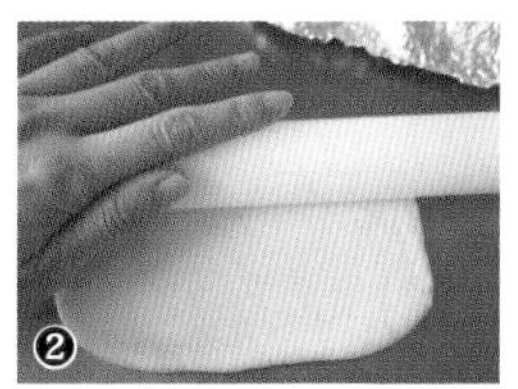

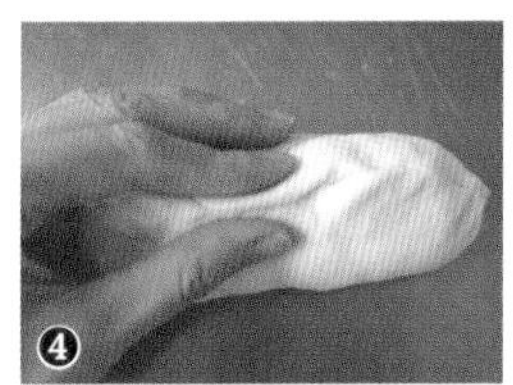

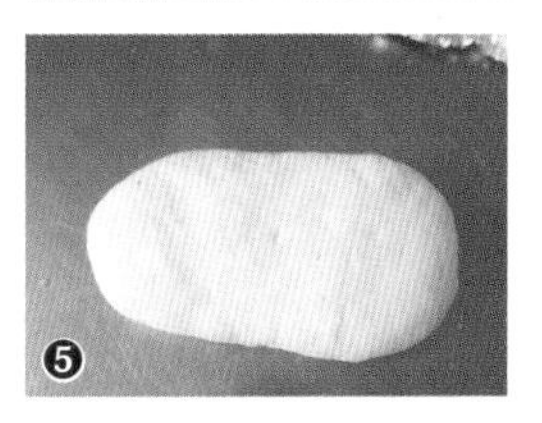

材料

中筋面粉	100g
低筋面粉	100g
泡打粉	1g
水	100g
油	10g
酵母粉	2g

整形

红豆馅（做法详见 p152）	210g
食用色素红色	适量

做 法

简易流程：乌龙面团 > 取出面团整形 > 发酵 > 蒸

1. 面团材料放进面包机，启动“乌龙面团”程序。停机后，面团继续在面包机里醒面 5 分钟。
2. 面团分成 3 等份并滚圆，之后静置 10 分钟。
3. 分别将面团拍成扁平状，对折后压平❶，重复 3 次，将空气挤压出来。
4. 面团擀成长方形❷，放上 70g 的馅料❸，收口接缝捏紧❹。最后把面团翻面，整成椭圆形❺。
5. 放进蒸笼，发酵约 30 分钟。食用色素调入适量的水，以刷子轻刷在面团上❻。
6. 蒸笼内倒入冷水用中火开始蒸，等到水滚后改以中小火蒸 15 ~ 18 分钟即完成。

★ 上色时，建议先在面团侧边不显眼处试涂，看看颜色是否太深太淡，调整后再大面积上色。

Tips

28

胡椒饼

中式面食里，我最喜欢胡椒饼，微微的呛辣，吃起来很过瘾！

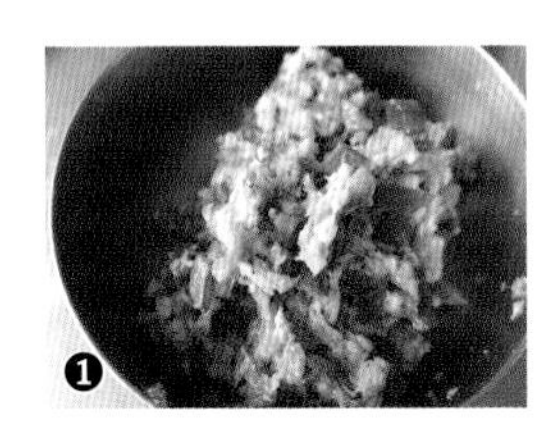

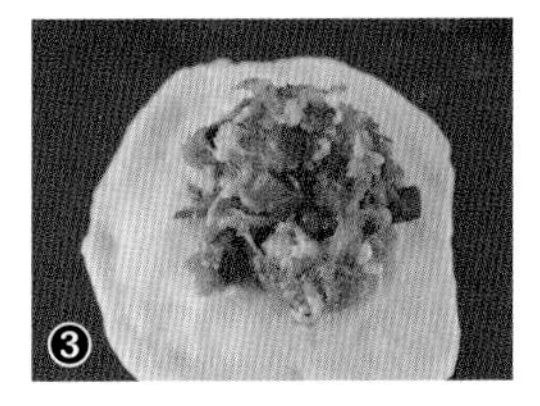

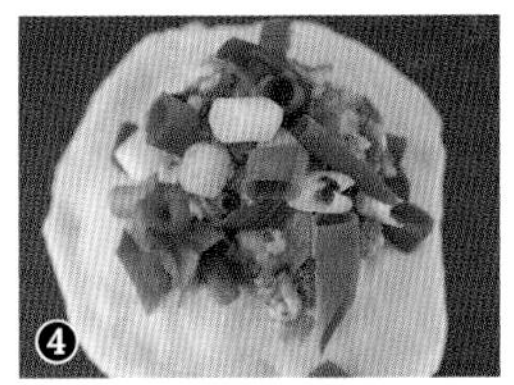

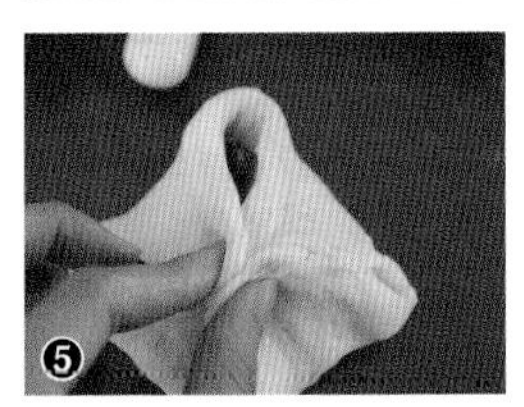

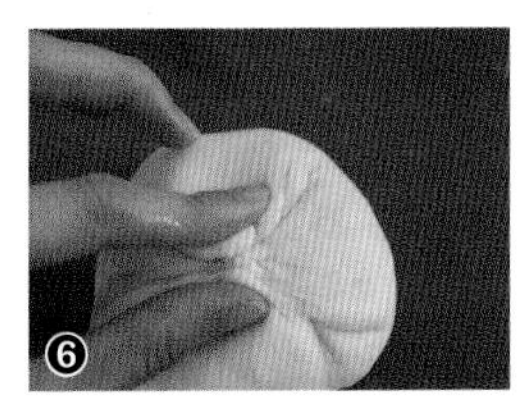

材料

中筋面粉	300g
水	180g
油	15g
砂糖	15g
酵母粉	3g

馅料

绞肉	250g
葱花	50g
黑胡椒粉	适量
砂糖	10g
香油	10g
酱油	10g
盐	1g

整形

葱花（包馅时另外加入）	50g
白芝麻	适量

做 法

简易流程：面包面团 > 取出面团整形 > 烤箱烘烤

1. 面团材料放入面包机，启动“面包面团”程序；趁面包机发酵运作的时间，将所有馅料材料搅拌均匀❶。
2. 手沾一些面粉，取出面团拍打使空气散出。分成 8 等份并滚圆❷，之后盖上锡箔纸，静置 10 分钟。
3. 分别将面团擀成直径约 12cm 的圆形，中间较厚、周围较薄。放入 40 ~ 50g 的内馅❸，再另外加入适量的葱花❹。
4. 从两边对角的皮先捏紧❺，收口接缝捏紧❻。

5. 面团表面涂上一层薄薄的水❼，最后沾上白芝麻放到烤盘纸上❽。
6. 烤箱预热 200℃，烘烤 18 ~ 25 分钟即完成。

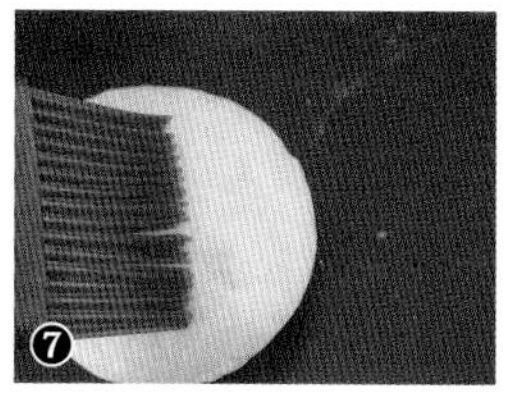

★ 胡椒饼无须二次发酵，包馅完毕可立刻进烤箱烘烤；若包馅时间太久，部分面团开始发酵，胡椒饼会变得像面包一样柔软。可以依照个人口味决定是否要二次发酵。

Tips

29

凤梨酥

以 6.5cm×3.2cm×2.8cm 的模型可做 6 颗凤梨酥。凤梨酥的外皮制作很简单，但若以传统方式制作内馅，光是将馅料炒干，可能就得花上一两个小时，使用面包机就能省下很多力气哦！

内馅

凤梨	400g
砂糖	20g
玉米粉	5g
麦芽糖	50g

做法

1. 凤梨（含心）切片，放入果汁机约搅拌 30 秒，不须打得太碎❶，保留部分的凤梨纤维。
2. 换上“麻糬叶片”，将凤梨汁、砂糖、玉米粉倒入面包盆❷，启动“乌龙面团”程序，材料搅拌均匀即可❸。
3. 启动“麻糬”程序，5 分钟后直接倒入麦芽糖❹。依水分收干状况，重复“麻糬”程序 2 ~ 3 次；每一次跑完程序，须让面包机散热放凉再继续（总花费时间约 2.5 小时）。
4. 将凤梨馅倒进一般的锅内，用小火炒 10 ~ 15 分钟即可将馅料收干❺，放凉后冷藏备用。

面团（外皮）

奶油	75g
糖粉	30g
蛋黄	1 颗
小苏打粉	1/8 茶匙
水	30g
低筋面粉	150g
奶粉	3g

做法

1. 奶油置于室温软化后，和糖粉一起放入面包盆，启动“乌龙面团”程序搅拌均匀❻，放入蛋黄❼，继续搅拌 2 ~ 3 分钟后停机。
2. 小苏打粉和水搅拌均匀，与过筛的面粉、奶粉一起倒入面包盆，再次启动“乌龙面团”程序，搅拌约 1 分钟后马上停机❽。

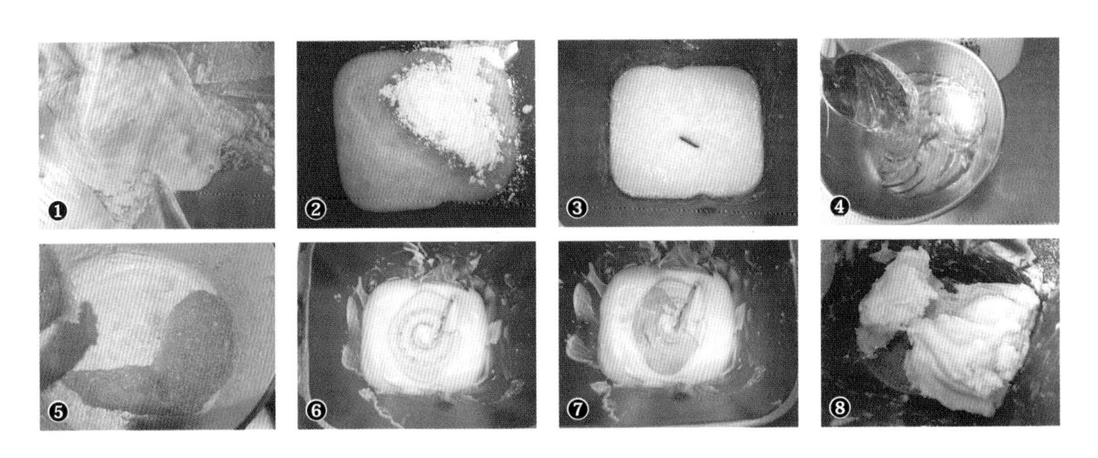

后续制作

简易流程：取出面团整形 > 烤箱烘烤

1. 内馅和各面团分成 6 等份并滚圆，内馅一颗约 25g ❾。
2. 将面团压扁❿，包入凤梨馅⓫，放入烤模并压平⓬。
3. 烤箱预热 190℃，烘烤 15 ~ 20 分钟。底部上色之后翻面再烤 4 ~ 6 分钟即完成。若凤梨酥较小颗，须缩短烘烤时间。

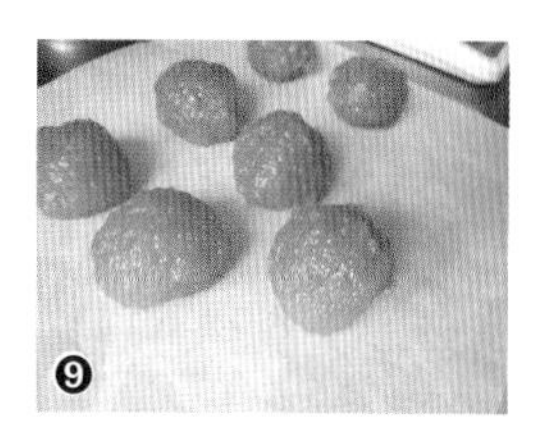

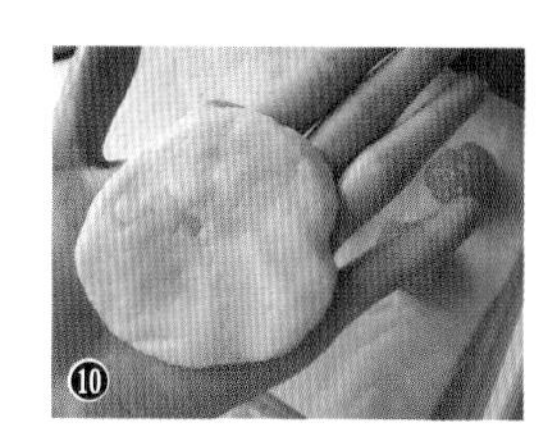

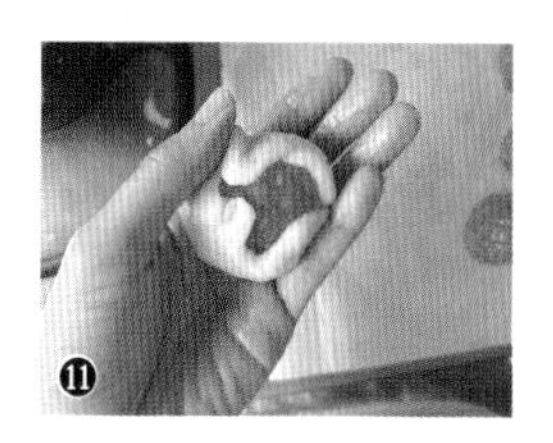

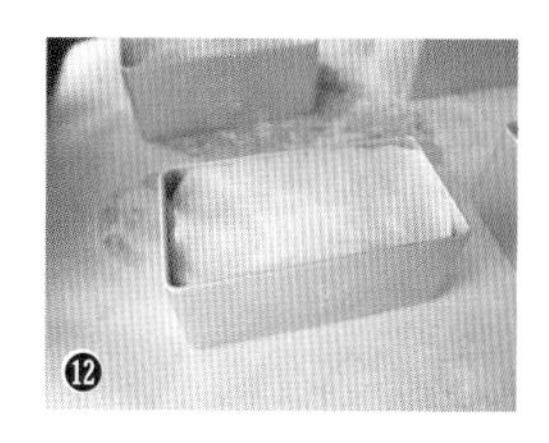

★ 制作外皮时，勿搅拌过度，避免酥度不够。

★ 依模型大小，调整外皮及内馅的分量。

★ 使用各家面包机制作内馅时，请先测试凤梨汁是否会因机器搅拌而喷洒出，斟酌最佳分量之后，再进行制作。

30

甜不辣

自制的甜不辣，可确保100%以鱼浆制成，口感软硬适中，非常好吃哦！

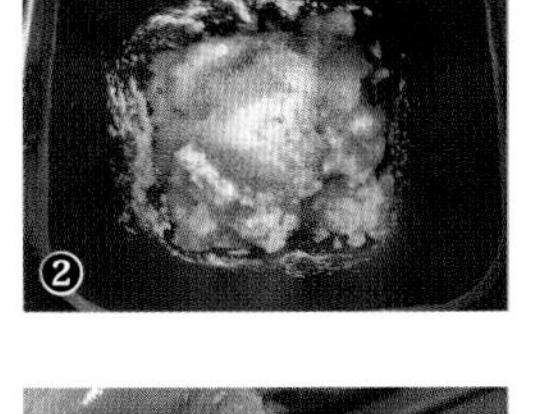

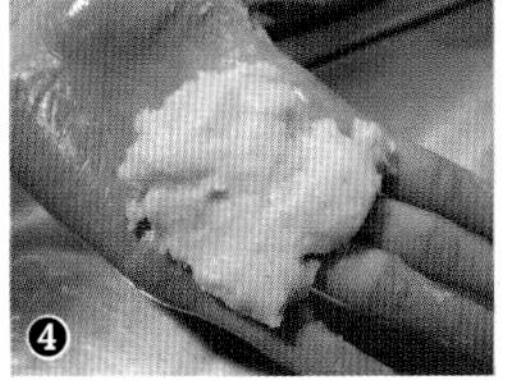

材料

白鱼（多利鱼）	400g
中筋面粉	15g
太白粉	15g
砂糖	10g
米酒	15g
白胡椒	2g
盐	2g
香油	10g

做法

选择程序：乌龙面团

1. 白鱼切小块❶，放入面包机启动“乌龙面团”程序，搅拌至泥状即可停机。
2. 加入其余材料❷，再度启动“乌龙面团”程序，持续搅拌至绵密为止（约15~20分钟）❸。
3. 起油锅，加热到170～180℃（以筷子测试，当筷子边缘出现大泡泡时即可），手沾适量色拉油，取部分鱼浆捏成圆饼形状❹，放进油锅，炸到双面皆为金黄色即完成❺。
4. 加入适量的九层塔一起食用，香气十足！

★ 建议将多利鱼肉较粗大的白色纤维先切断，以利搅拌。

★ 若鱼肉含水量高，放入面包机前，先用纸巾将表面水分吸干。

★ 若鱼浆太干，请斟酌加入适量水，直到呈现如图3中的鱼浆即可。

★ 油炸时甜不辣会胀很大，此为正常现象。

Tips

31

杏仁桃酥

不需饼干模也可轻松制作的饼干，非桃酥饼干莫属了！

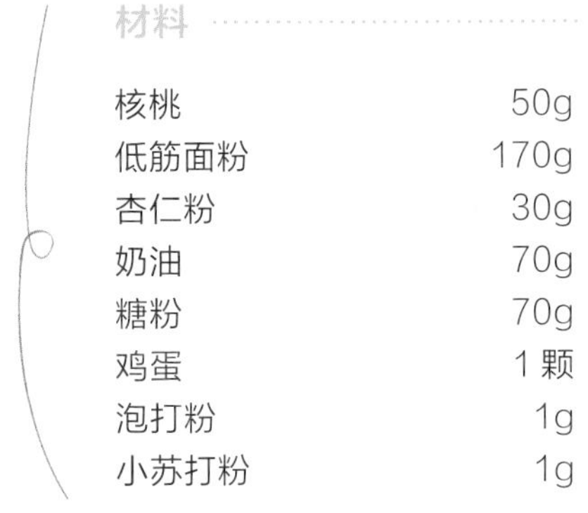

材料

核桃	50g
低筋面粉	170g
杏仁粉	30g
奶油	70g
糖粉	70g
鸡蛋	1 颗
泡打粉	1g
小苏打粉	1g

做 法

选择程序：乌龙面团

1. 核桃切小块❶，烤箱预热 130℃，烘烤 5 ~ 8 分钟后放凉备用。
2. 奶油置于室温软化后，与糖粉先放入面包盆，启动“乌龙面团”程序，拌匀即可停机❷。
3. 分两次加入打散的鸡蛋❸，启动“乌龙面团”程序，拌匀后停机，用搅拌棒将面包盆残留的面糊清干净。
4. 将过筛的面粉、杏仁粉、泡打粉、小苏打粉倒入面包盆❹，再度开启“乌龙面团”程序（约 3 分钟），成团后投入核桃❺，拌匀即可停机。
5. 从面包机取出面团，用保鲜膜包好❻ ❼，放入冰箱醒面 30 分钟。

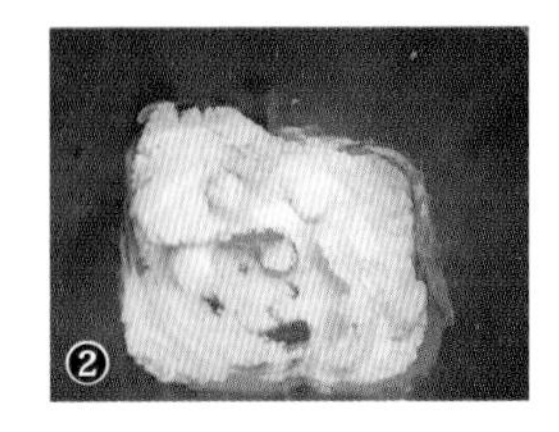

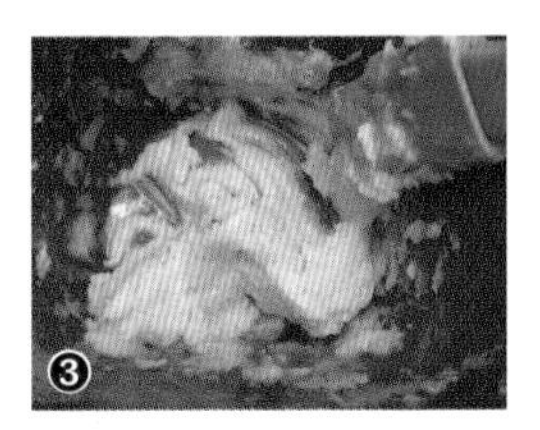

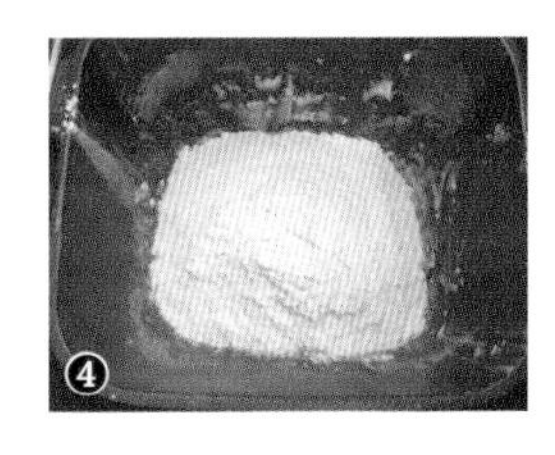

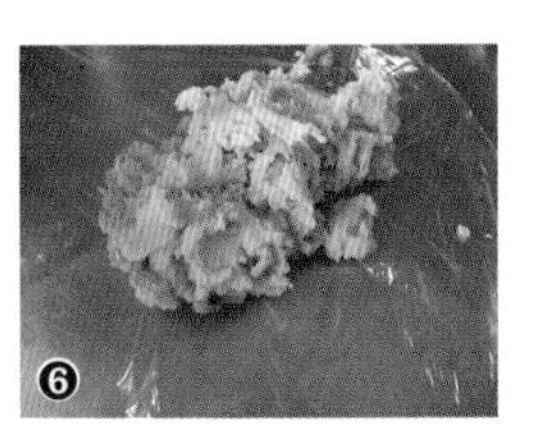

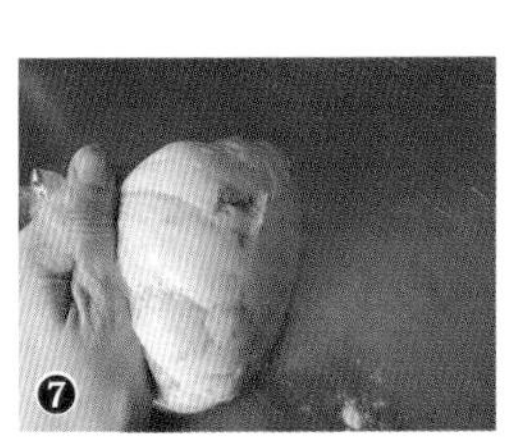

Tips

★ 多数使用白油（氢化植物油）的桃酥，成品会更加酥脆；自家烘焙选用奶油制作，虽然口感有些微差异，但吃得安心才是最重要的！

★ 可依喜好将核桃改成杏仁或其他坚果。

6. 将面团分成每颗约 20g 的大小，搓圆压扁，以手指在中间戳一个洞❽，饼干之间留适当的间隔。烤箱预热 170℃，烘烤 15 ~ 18 分钟后，再闷 10 分钟即完成。

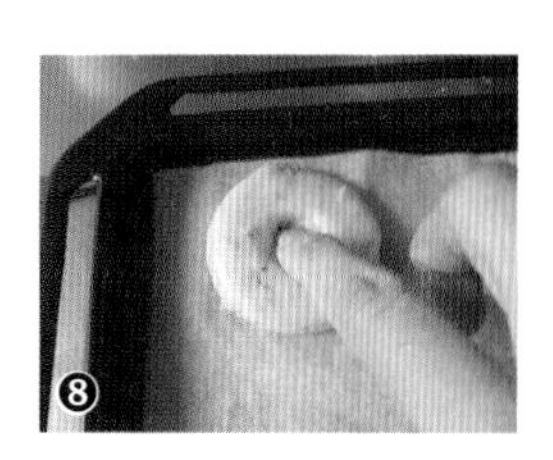

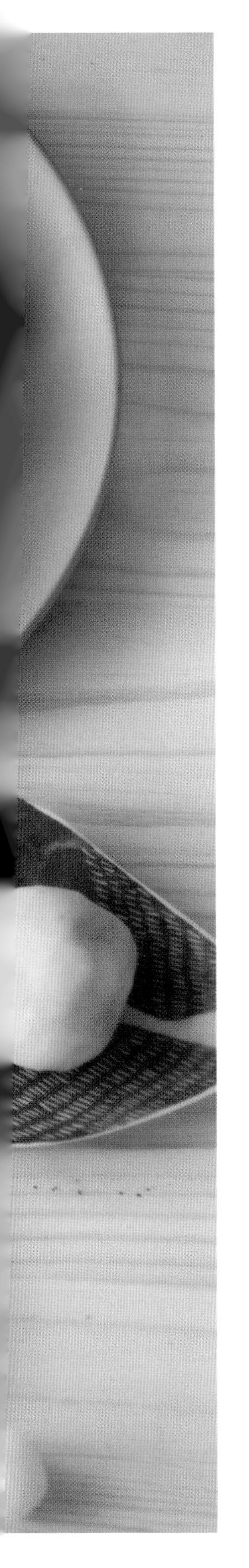

第5章

缤纷亲子时光

用面包机跟孩子们享受亲子时光，一起动手做出可爱的面包、饼干、色彩缤纷的西瓜吐司、蘑菇面包……其实小孩才是真正的“外貌协会”呢！

制作本章节的吐司之前，可参考p107视觉系吐司的重要事项。

32

无毒黏土

不小心放过期的面粉不要丢掉，拿来做黏土给孩子玩，省钱又令人放心哦！

一张张引颈期待面包机完成黏土的小脸非常可爱呢！

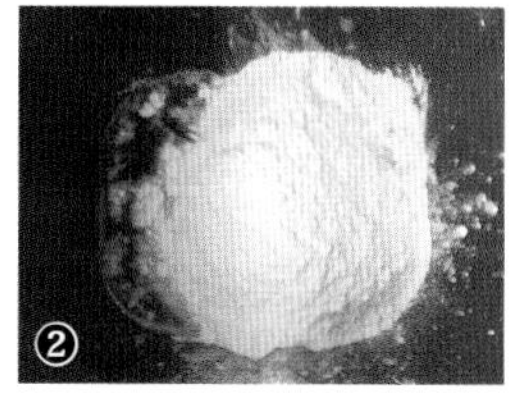

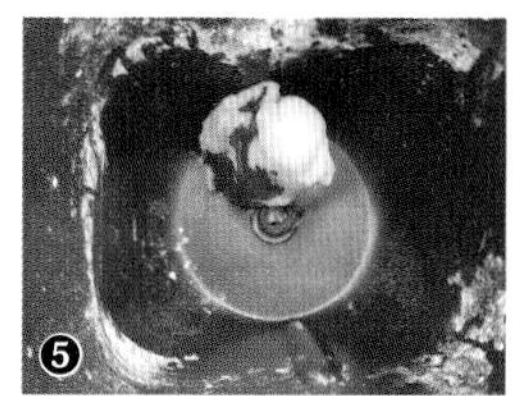

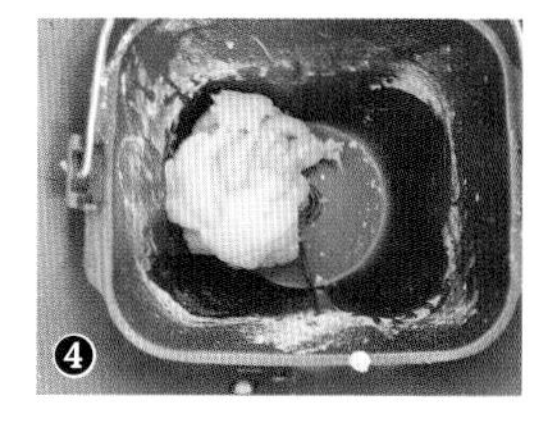

材料

水	150g
盐	50g
中筋面粉	110g
食用色素	适量

做 法

选择程序：麻糬＞乌龙面团

1. 将水和盐搅拌均匀❶。
2. 盐水和面粉倒入面包机❷，启动“麻糬”程序，建议先用锡箔纸盖住避免面粉洒出❸，15 ~ 20分钟面团水分收干即可停机❹，原色黏土完成。
3. 把面团置于网架上稍微冷却，分成适量等份，用锡箔纸轻轻盖着（盖得太密黏土易湿黏），避免黏土干掉。
4. 待面包机冷却后，放入需要的面团和色素❺，启动“乌龙面团”程序，上色均匀即可。重复此步骤，就能轻松完成各色黏土。

★ 不使用的黏土，以塑料袋包好可防止黏土干掉。

★ 色素加太多会使黏土变得太湿黏，可依实际情况慢慢添加。

★ 只需染基本色，便可借由不同色的黏土糅合成其他颜色。

33

长颈鹿吐司

切开吐司的瞬间……就准备尖叫吧！

白面团

高筋面粉	250g
鲜奶	190g
砂糖	25g
奶油	15g
盐	2g
酵母粉	3g

做　法

1. 白面团材料放入面包机，启动“乌龙面团”程序。
2. 取其中 170g 的白面团整成圆形，收进保鲜盒放入冷藏；其余白面团作为巧克力面团的材料。

可可面团

部分白面团	约 315g
无糖可可粉	15g
水	10g

做　法

可可面团材料放入面包机，启动“乌龙面团”程序，揉面 5 ~ 7 分钟，颜色均匀后，取出整成圆形。

后续制作

简易流程：取出面团发酵、整形＞生种酵母＞蒸面包

1. 从冰箱取出白面团，与可可面团一起放入面包机发酵，中间以保鲜膜或烘焙纸分隔，启动“生种酵母”程序发酵 40 分钟。
2. 取出面团拍出空气，白面团分成约 50g 一颗、40g 三颗❶，可可面团分成约 100g 一颗、80g 三颗❷。滚圆后盖上湿布或锡箔纸，醒面 10 分钟。
3. 面团组合大配大（50g 白配 100g 可可），小配小（40g 白配 80g 可可）。取一对面团，可可面团擀成椭圆形❸，卷起并将收口捏紧❹；白面团擀成长方形，包裹住可可面团❺，并把收口捏紧，再用手将面团搓成长约 20cm。
4. 一共 4 份面团（1 大 3 小）❻，从中间对切❼，再将所有面团（2 大 6 小）由下往上依序叠放进面包盆（3 小下层、2 大中层、3 小上层）❽。
5. 启动“生种酵母”程序，发酵 60 ~ 90分钟（或发到约面包盆9分满）❾。
6. 启动“蒸面包”程序即完成。

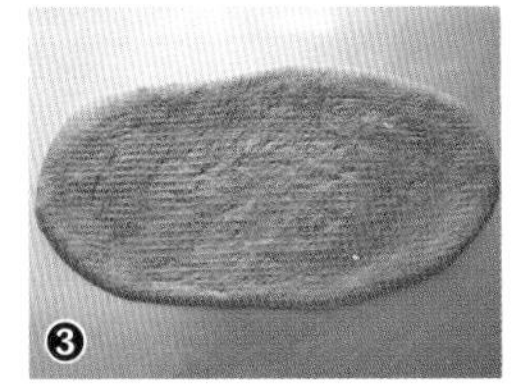
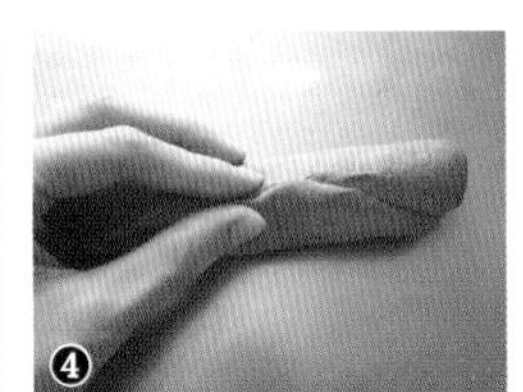
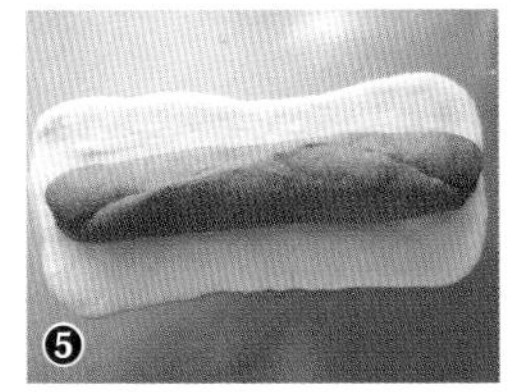
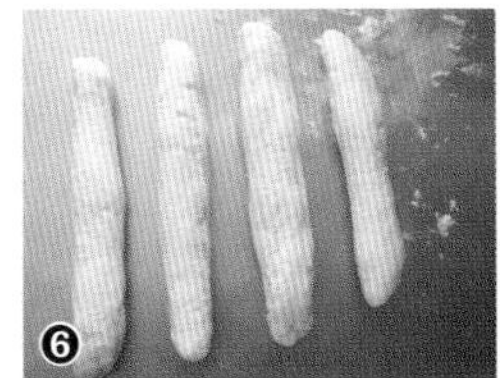
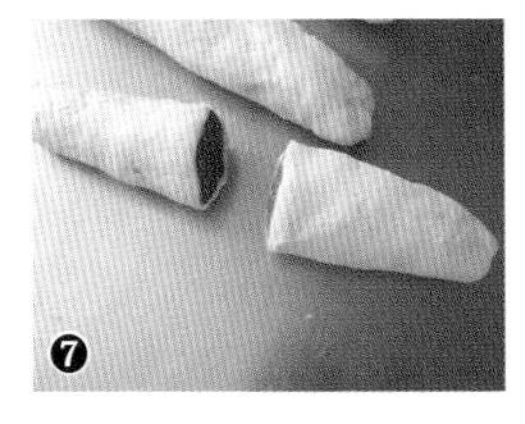
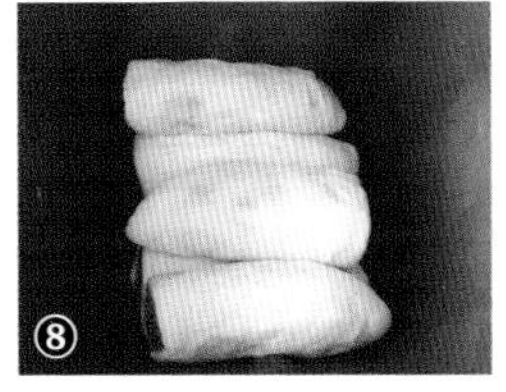
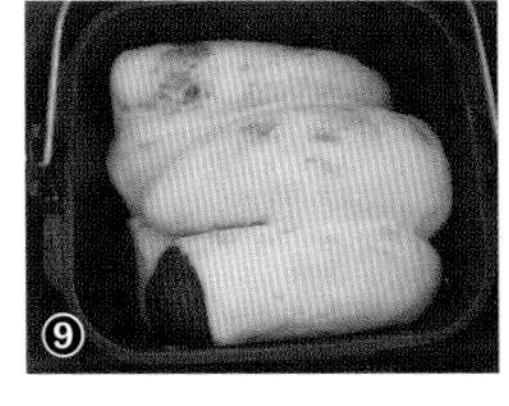
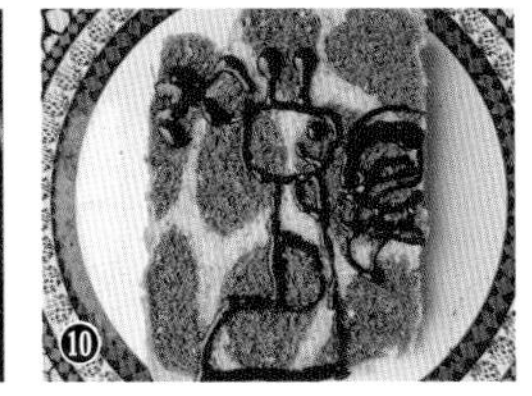

★ 长颈鹿纹不规则才美丽，将面团分成两种大小，才显得逼真。

★ 也能让孩子用巧克力酱在切片吐司上作画哦❿！

Tips

34

迷彩吐司

小男生热爱的迷彩纹，很有战斗的感觉，也与他们的玩具非常搭！

白面团

高筋面粉	250g
鲜奶	140g
鸡蛋	1 颗
砂糖	25g
奶油	15g
盐	2g
酵母粉	3g

做　法

1. 所有材料放入面包机，启动“乌龙面团”程序。
2. 取出面团分成 3 等份，1/3 作为白面团（其余分别为可可面团、绿面团），整圆后收进保鲜盒放入冷藏。

可可面团

1/3 白面团	约 160g
无糖可可粉	12g
水	10g

做　法

可可面团材料放入面包机❶，启动“乌龙面团”程序，揉面 5 ~ 7 分钟，搅拌均匀后，取出整成圆形，收进保鲜盒放入冷藏。

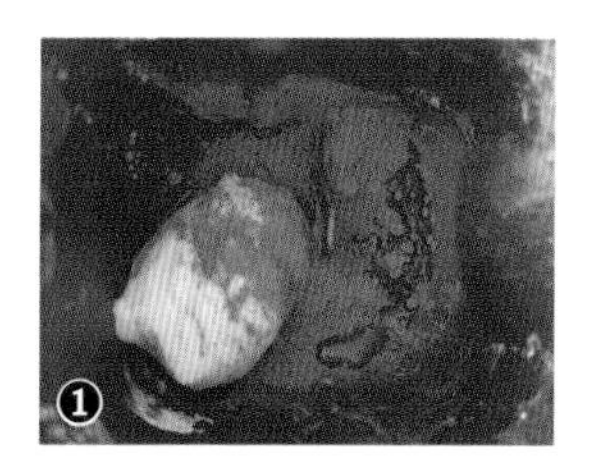

绿面团

1/3 白面团	约 160g
抹茶粉	7g
水	5g

做　法

绿面团材料放入面包机❷，启动“乌龙面团”程序，揉面 5 ~ 7 分钟，搅拌均匀后，取出整成圆形。

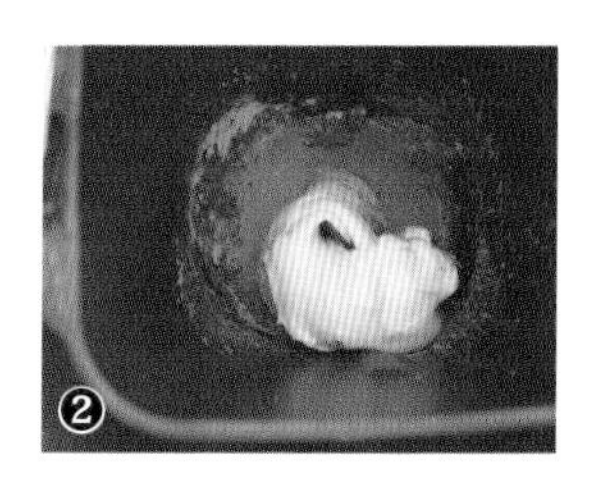

后续制作

简易流程：取出面团发酵、整形 > 生种酵母 > 蒸面包

1. 从冰箱取出白面团与可可面团，可可面团、绿面团一起放入面包机发酵，面团表面喷点水，中间以保鲜膜或烘焙纸分隔❸启动“生种酵母”程序；白面团保鲜盒另外放在温度约 26℃的地方。三色面团同时发酵 40 分钟。
2. 白面团、可可面团随意各分成 5 份、4 份，绿面团均等分 5 份❹，滚圆之后盖上湿布或锡箔纸醒面 10 分钟。
3. 将面团压平❺，任意往上堆放入面包机内❻ ❼。
4. 启动“生种酵母”程序，发酵 60 ~ 90 分钟❽。
5. 启动“蒸面包”程序即完成。

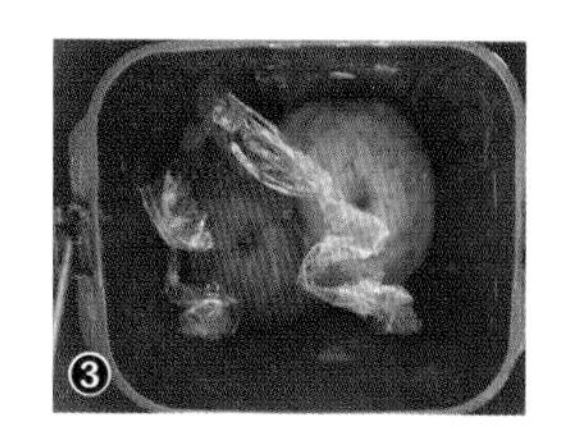

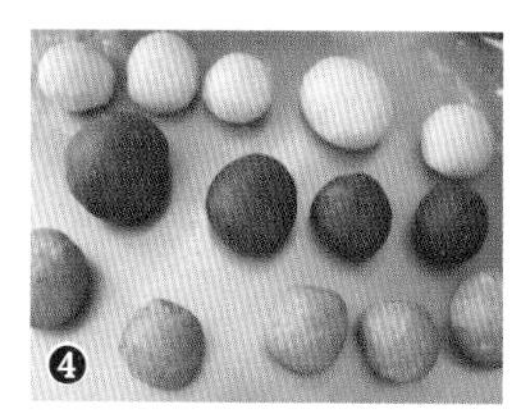

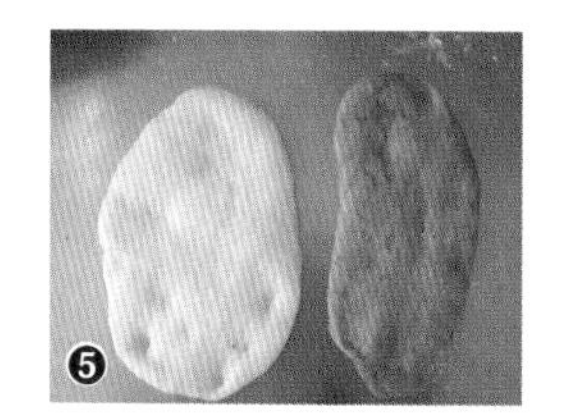

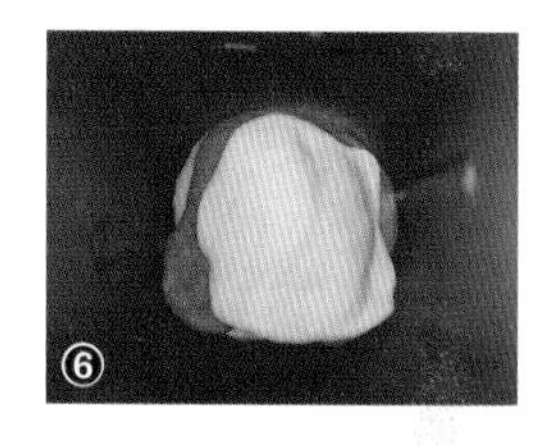

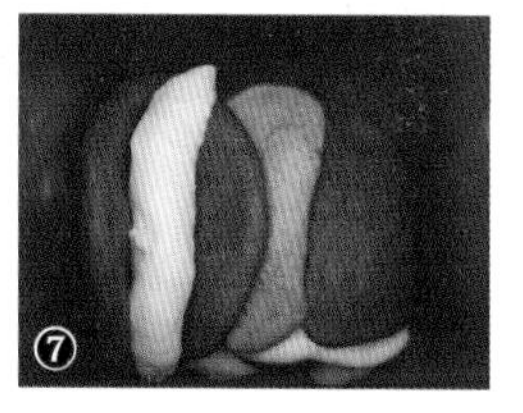

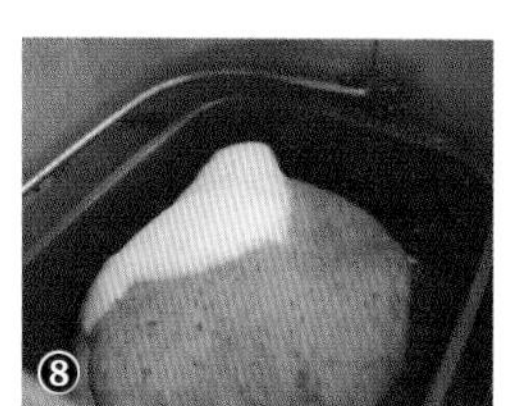

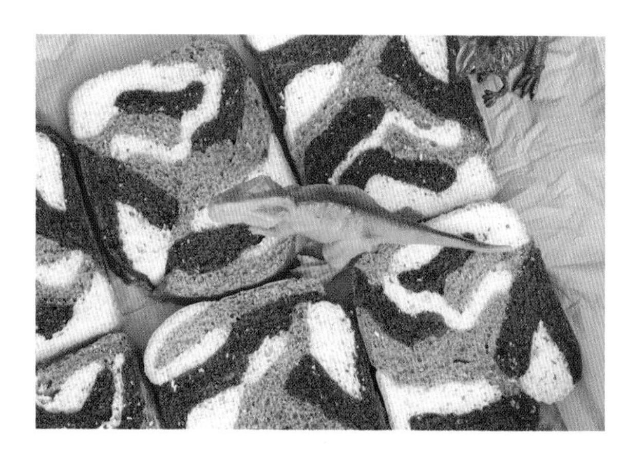

★ 制作各色面团时，先将面包盆擦拭干净，避免相互染色。

★ 堆放时尽量将颜色错开，不规则的迷彩最好看。

35

红西瓜吐司

西瓜面包其实不是第一次看到，老早国外就有好多分享，只是大多的食谱都是用食用色素，但是我们身边就有最棒的天然色素——红龙果！

红面团

高筋面粉	125g
红心火龙果	75g
水	10 ~ 15g
砂糖	8g
油	5g
盐	1g
酵母粉	1.5g

做　法

材料放入面包机，启动“乌龙面团”程序。完成后取出整圆，收进保鲜盒放入冷藏。

白面团

高筋面粉	125g
鲜奶	90g
奶油	10g
砂糖	15g
盐	1g
酵母粉	1.5g

做　法

1. 白面团材料放入面包机，启动“乌龙面团”程序。
2. 取出面团分成 2 等份，其中 1/2 作为白面团（其余为绿面团），整圆收进保鲜盒放入冷藏。

绿面团

1/2 白面团	125g
水	4g
抹茶粉	4g

做　法

绿面团材料放入面包机，启动“乌龙面团”程序，揉面 5 ~ 7 分钟，颜色均匀后，取出整成圆形。

后续制作

简易流程：取出面团发酵、整形 > 生种酵母 > 蒸面包

1. 从冰箱取出红、白面团，白、绿面团一起放入面包机发酵，中间以保鲜膜或烘焙纸分隔，启动“生种酵母”程序；红面团保鲜盒另外放在温度约 26℃的地方。三色面团同时发酵 40 分钟。
2. 将三色面团拍出空气，再度整成圆形，盖上湿布或锡箔纸醒面 10 分钟❶。
3. 取红面团擀成 15cm × 20cm 的长方形，卷起并将收口捏紧❷；白面团擀成 15cm × 15cm 的正方形，包裹住红面团即可❸，并把收口捏紧❹。
4. 再将绿面团擀成 15cm × 15cm 的正方形，包裹住白面团即可，并把收口捏紧❺。
5. 将面团放回面包机❻，启动“生种酵母”程序，发酵 60 ~ 90 分钟。
6. 启动“蒸面包”程序即完成。

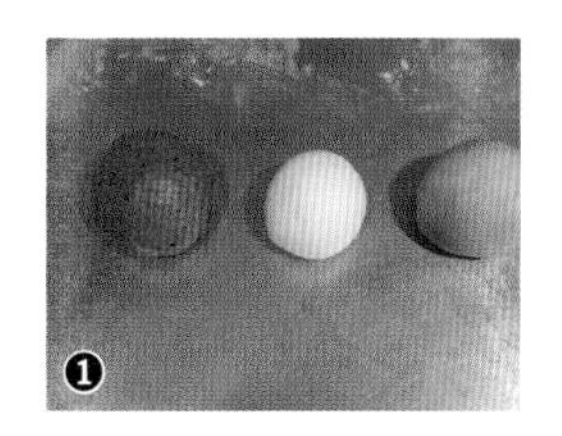

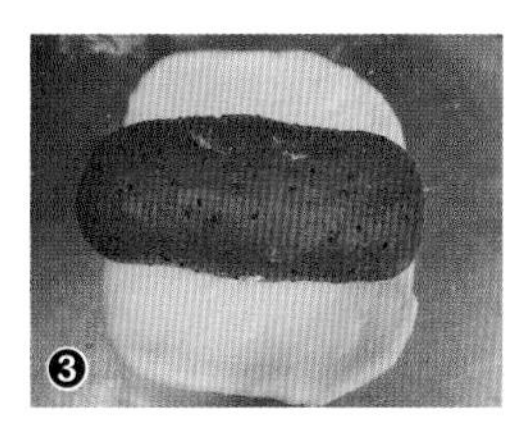

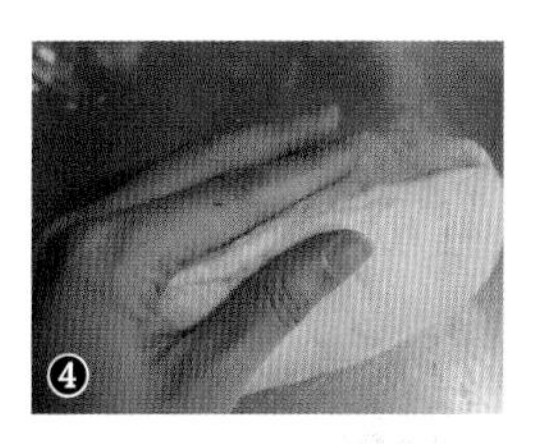

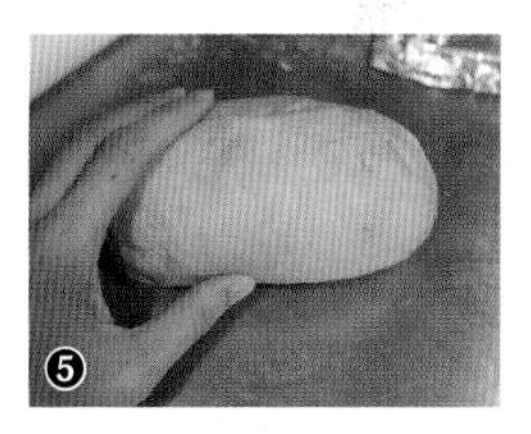

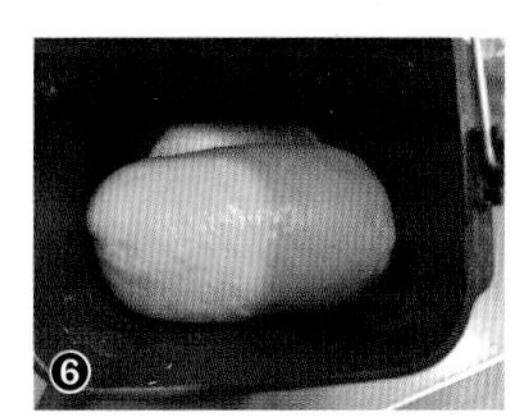

★ 因火龙果的水分高，可适量调整红面团的水分。

★ 每一片吐司交叉切成 4 等份，切片形状会更像西瓜！

★ 每次包裹面团，须将收口接缝捏紧，避免发酵、烘烤时面团被撑开而破裂。

36

小玉西瓜吐司

西瓜不一定是圆的，方形显得更加特别，运用面包机本身的面包盆就可以制作。

孩子们看到西瓜面包，胃口大开，一次就吃了好几片呢！

黄面团

高筋面粉	125g
* 胡萝卜汁	95g
砂糖	10g
奶油	8g
盐	1g
黑芝麻	5g
酵母粉	1.5g

* 水 50g 和胡萝卜 50g 放入果汁机打细。因从果汁机倒出会有耗损，建议分量可稍微多一点❶ 。

做　法

1. 除了黑芝麻，其他材料放入面包机，启动“乌龙面团”程序，揉面 15 分钟之后，手动投入黑芝麻。再次启动“乌龙面团”程序 5 分钟即可停机。
2. 取出面团整圆，收进保鲜盒放入冷藏。

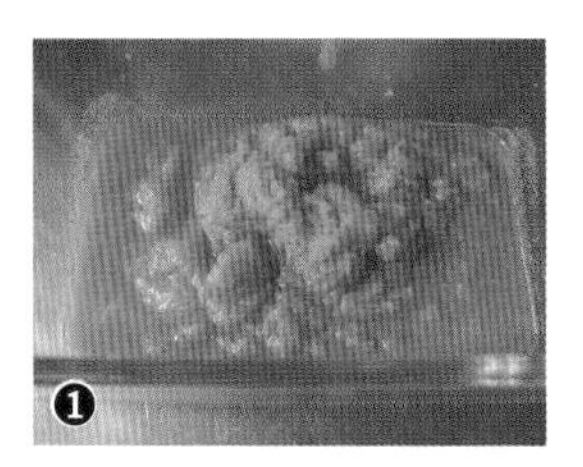

白面团

高筋面粉	125g
鲜奶	95g
奶油	10g
砂糖	15g
盐	1g
酵母粉	1.5g

做　法

白面团材料放入面包机，启动“乌龙面团”程序，揉面 15 分钟后停机。将面团分成 2 等份，其中 1/2 整圆先收进保鲜盒放入冰箱（其余为绿面团材料）。

绿面团

1/2 白面团	125g
水	4g
抹茶粉	4g

做　法

绿面团材料放入面包机，启动“乌龙面团”程序，5 ~ 7 分钟后停机。

后续制作

简易流程：取出面团发酵、整形 > 生种酵母 > 蒸面包

1. 从冰箱取出黄、白面团，白、绿面团一起放入面包机发酵，中间以保鲜膜或烘焙纸分隔；黄面团保鲜盒另外放在温度约 26℃的地方。三色面团同时发酵 40 分钟。
2. 分别将面团拍出空气，再度整成圆形，盖上湿布或锡箔纸醒面 10 分钟❷。
3. 取黄面团擀成 15cm × 20cm 的长方形，卷起并将收口捏紧❸；白面团擀成 15cm × 15cm 的正方形，包裹住黄面团即可，并把收口捏紧❹ ❺。
4. 再将绿面团擀成 15cm × 15cm 的正方形，包裹住白面团即可，并把收口捏紧❻。
5. 抹茶粉、可可粉与适量水搅拌调色至深绿色。以刷子刷在面包外围❼，画出西瓜的纹路。
6. 将面团放回面包机，启动“生种酵母”程序，发酵 60 ~ 90 分钟❽。
7. 启动“蒸面包”程序即完成。

❷

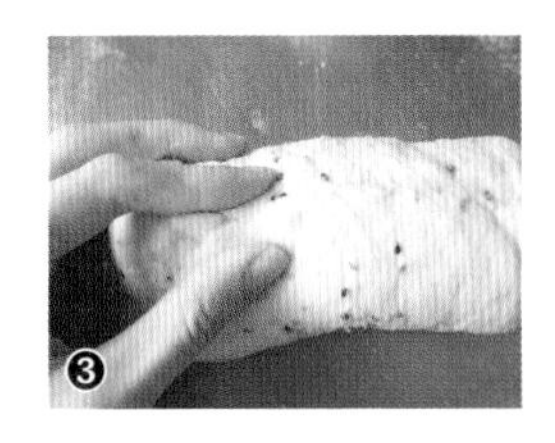
❸

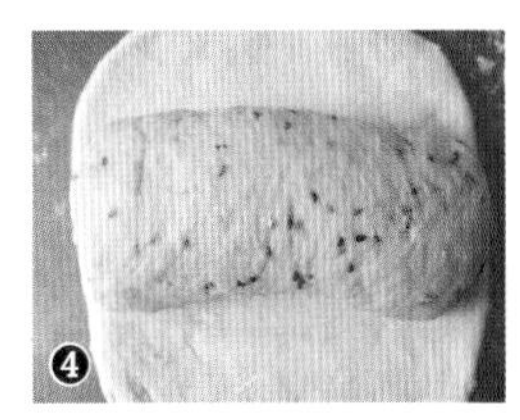
❹

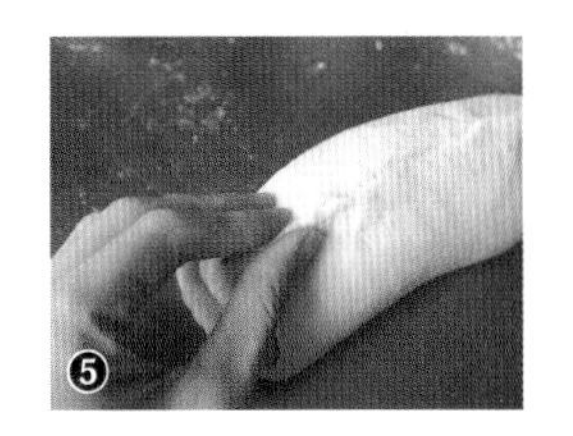
❺

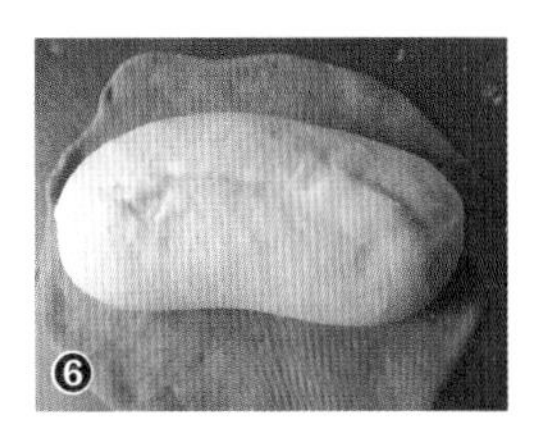
❻

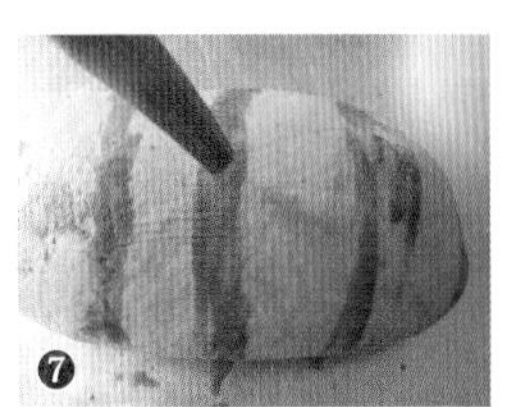
❼

❽

★ 三色面团难度在于发酵时间的掌控，只有一台面包机的话，建议先制作黄面团，并放入冰箱冷藏。等其他两色面团都完成时，再从冰箱取出，一起进行发酵。

★ 出炉之后，须完全放凉才能切开。

Tips

37

小蘑菇面包

本篇的灵感来自于儿时的电动游戏——马里奥。小蘑菇不仅造型可爱，里头还包着少许巧克力，对小孩而言完全是秒杀！

白面团

高筋面粉	200g
水	100g
鲜奶	45g
奶油	10g
砂糖	20g
盐	2g
酵母粉	2g

做 法

1. 所有材料放入面包机，启动“乌龙面团”程序。
2. 取出面团分成 2 等份，其中 1/2 作为白面团（其余为红面团），整圆后收进保鲜盒放入冷藏❶。

红面团

1/2 白面团	约 190g
红曲粉	5g
水	4g

做 法

红面团材料放入面包机❷，启动“乌龙面团”程序，揉面 5 ~ 7 分钟，搅拌均匀后，取出整成圆形。

整形

巧克力	24g
* 圈模 （直径 4cm，高度 3.5cm）	8 条

* 使用较硬的海报纸或卡纸作为骨架，裁成 14cm × 3.5cm 的长条形，再以烘焙纸包覆（防止面团粘黏），之后在长约 13cm 处以订书机固定圈模大小即可❸。

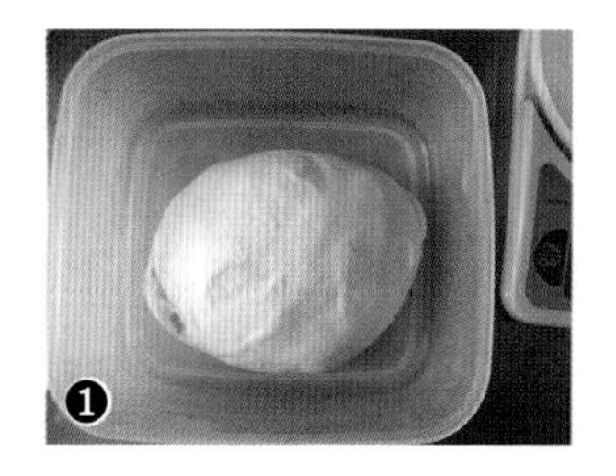
❶

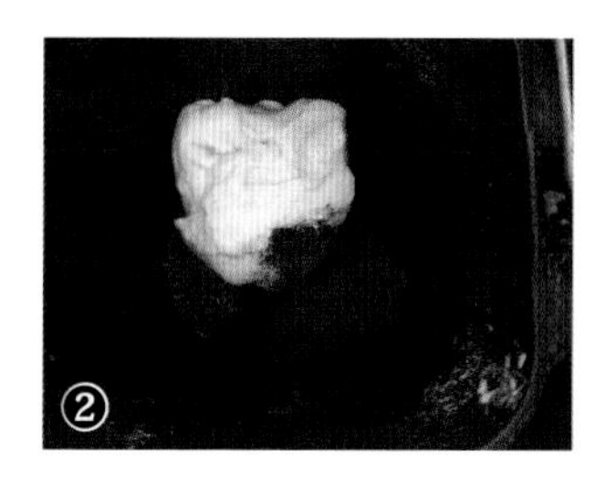
❷

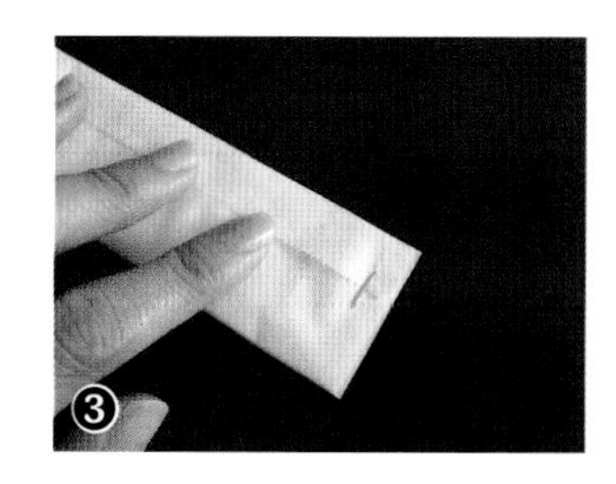
❸

后续制作

简易流程：取出面团发酵、整形＞生种酵母＞烤箱烘烤

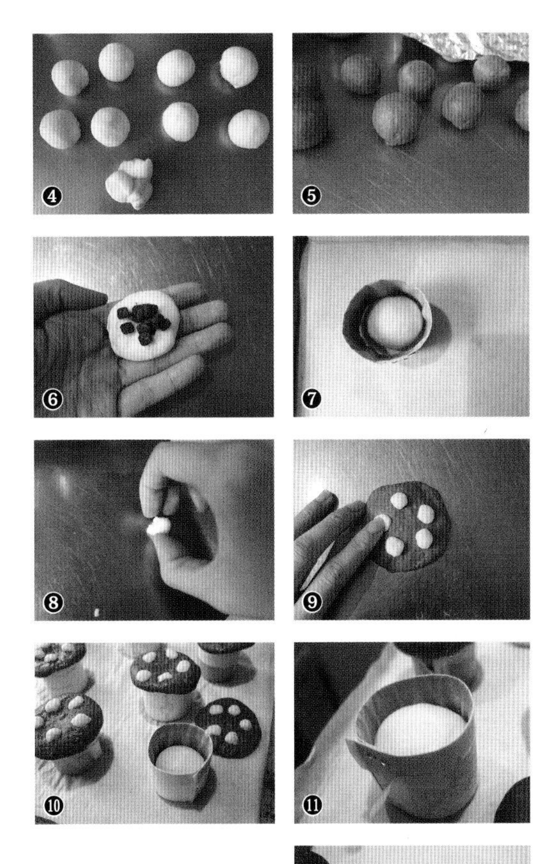

1. 从冰箱取出白面团，与红面团一起放入面包机启动“生种酵母”程序发酵，中间以保鲜膜或烘焙纸分隔，发酵40分钟。
2. 取出面团拍出空气，白面团分成15g×8颗和1颗剩余面团❹；红面团分成20g×8颗和1颗剩余面团❺。全部滚圆后，盖上湿布或锡箔纸醒面10分钟。
3. 白面团拍打成圆饼状包入3g巧克力❻，包好滚圆，放进圈模中等待二次发酵❼。
4. 红面团拍打成圆饼状，从剩余的白面团随意捏出5颗小面团❽，搓圆放在红面团上，用手按压黏合❾，之后直接盖在圈模上方。
5. 最后一片蘑菇头不盖上，作为判断白面团发酵的状况❿。
6. 喷水后盖上湿布或锡箔纸，进行二次发酵25～35分钟。待白面团发到圈模的八分满⓫，把最后一个蘑菇头盖上，即可进行烘烤。
7. 烤箱预热190℃，烘烤12～14分钟即完成。
8. 趁热脱模，必要时用细探针辅助⓬。

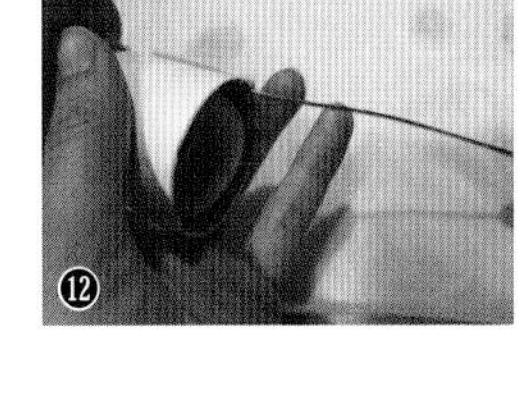

Tips

★ 烤过的烘焙纸在内圈会形成自然皱折，使蘑菇看起来更逼真！

★ 烤过的蘑菇梗，因膨胀倒下而影响蘑菇形状，此为正常的现象。

★ 为避免表面的白点烤色偏黄，可在烘烤8分钟后，以锡箔纸盖住表面。

★ 剩余面团可简单滚圆，一起烘烤即可。

★ 因整形费时，第一颗和最后一颗面团的发酵时间有差异。可将先完成的面团置于低温处延缓发酵。

38

兔子饼干

做法简单的兔子饼干，免用饼干模型，完成后可自行画上五官，孩子们会非常有成就感哦！

材料

低筋面粉	200g
奶油	70g
糖粉	70g
鸡蛋	1 颗
红曲粉	2g
巧克力	适量

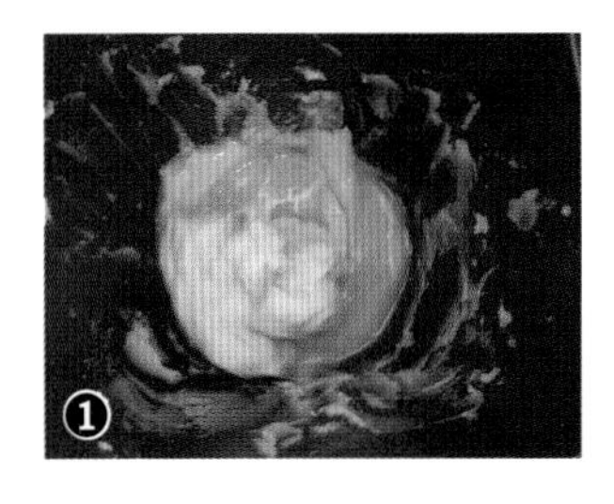

做 法

简易流程：乌龙面团 > 取出面团整形 > 烤箱烘烤

1. 奶油置于室温软化后，与糖粉先放入面包盆，启动“乌龙面团”程序，拌匀即可。
2. 分两次加入打散的鸡蛋❶，启动“乌龙面团”程序，拌匀后停机，用搅拌棒将面包盆残留的面糊清干净。
3. 将过筛的面粉倒入面包盆❷，再度开启“搅拌”功能（约 1 分钟），成团即可停机❸。

4. 将面团分成 180g 与 210g，180g 的面团放进面包机，加入红曲粉❹，再度启动“乌龙面团”程序，直到颜色分布均匀即可停机。

5. 面团分别以保鲜膜包好❺ ❻，冷藏醒面 30 分钟。

6. 红面团取 40g，隔着保鲜膜擀成 12cm×4cm、厚约 0.5cm 的长方形，从中间对切，作为兔耳朵❼；再取 40g，用手搓成长约 12cm 的圆柱，作为兔脸。

7. 白面团取 20g，隔着保鲜膜擀成 12cm×2cm、厚约 0.5cm 的长方形❽；再取 70g，擀成扁平状，作为饼干的底色。

8. 将 20g 白面团与 40g 兔耳朵交叠，并组合上 40g 兔脸❾；再用 70g 的饼干底色包裹❿。稍微整形，用保鲜膜包好⓫，冷藏至少 2 小时（冷冻至少 40 分钟），以利定型切片⓬。

9. 从冰箱取出，切成每片 0.3 ~ 0.5cm 的厚度⓭。烤箱预热 180℃，烘烤 15 ~ 18 分钟即完成。

10. 饼干放凉之后，将巧克力融化，运用三明治袋涂画出兔子的五官即完成。

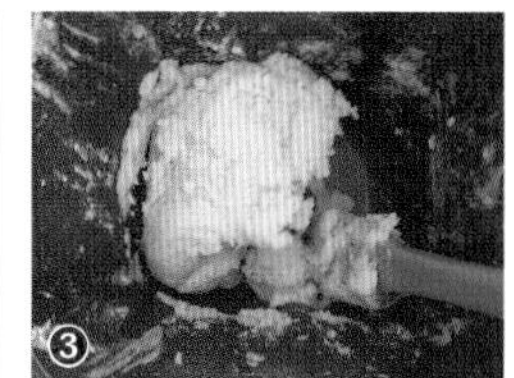

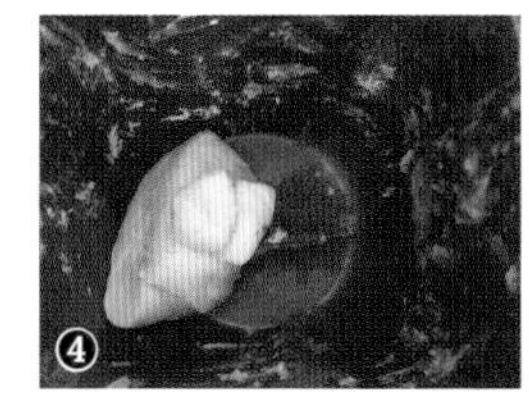

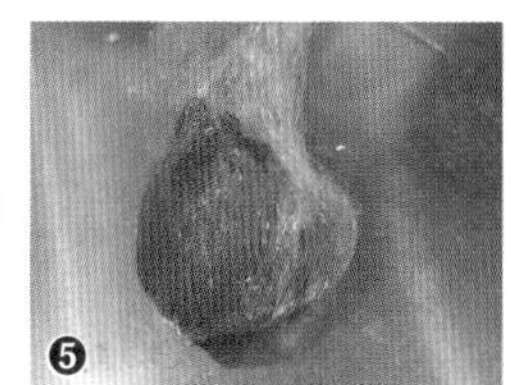

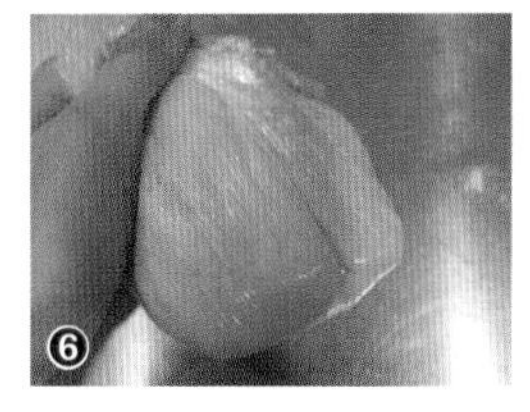

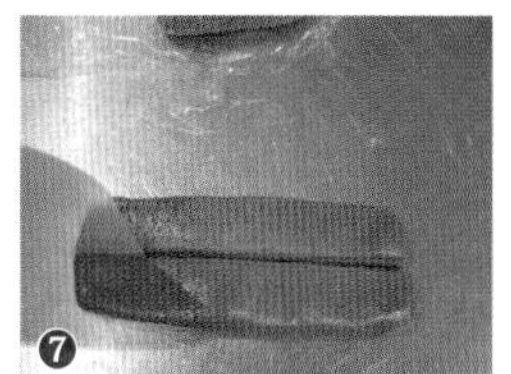

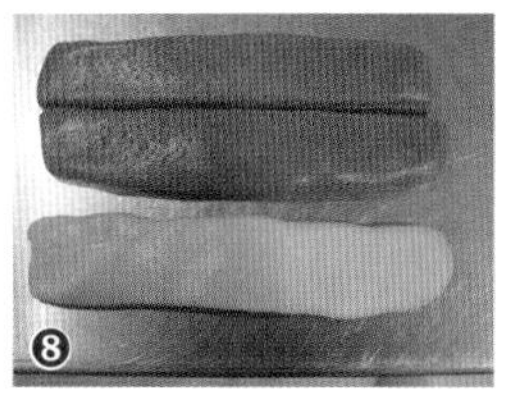

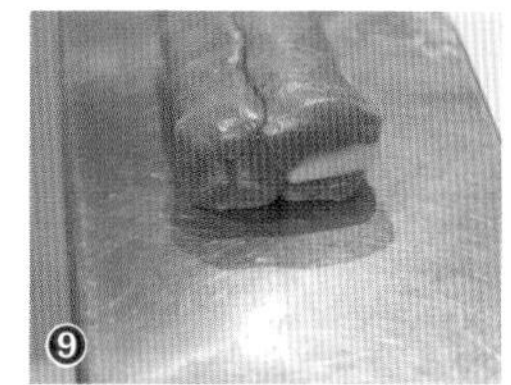

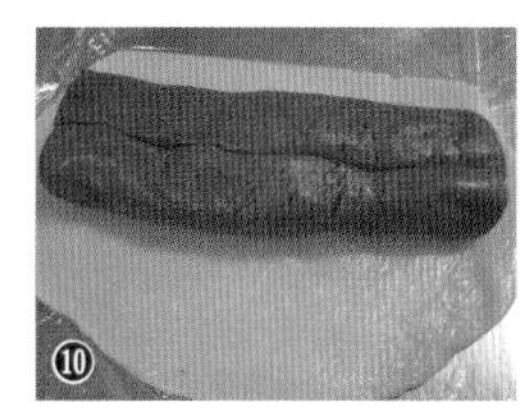

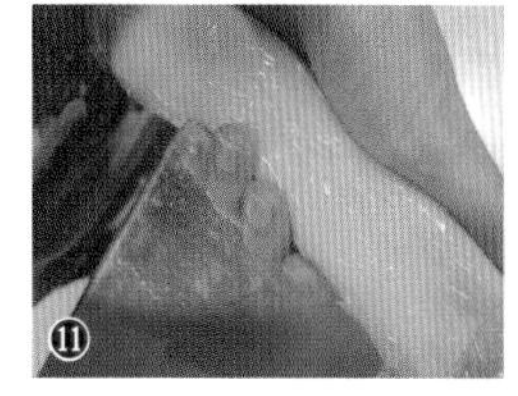

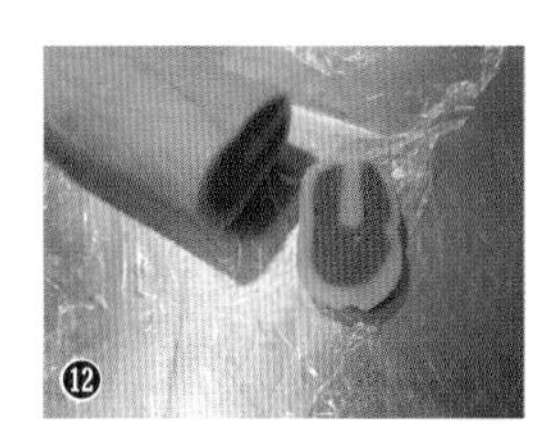

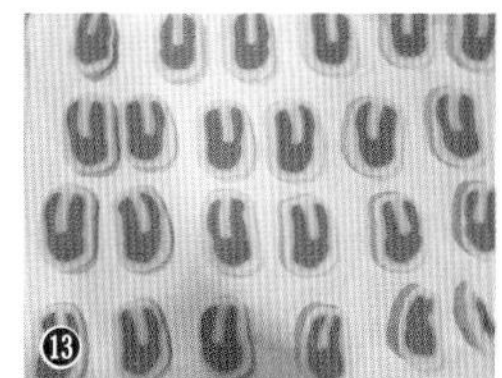

★ 做法 3 搅拌成团就要停机，避免过度搅拌使饼干不够酥脆。

★ 材料分量约可以做 2 份的兔子饼干。

★ 饼干面团可置于冰箱冷藏 3~5 天，烘烤前再切。

Tips

39

斑马饼干

虽然过程有点费工，但是成品令人十分惊艳哦！无论有没有饼干模型，都能做出漂亮的斑纹。

材料

低筋面粉	200g
奶油	60g
糖粉	50g
牛奶	15g
鸡蛋	1 颗
无糖可可粉	10g

做 法

简易流程：乌龙面团 > 取出面团整形 > 烤箱烘烤

1. 奶油置于室温软化后，与糖粉先放入面包盆，启动“乌龙面团”程序，拌匀即可。
2. 分两次加入打散的鸡蛋❶，启动“乌龙面团”程序，拌匀后停机，用搅拌棒将面包盆残留的面糊清干净。

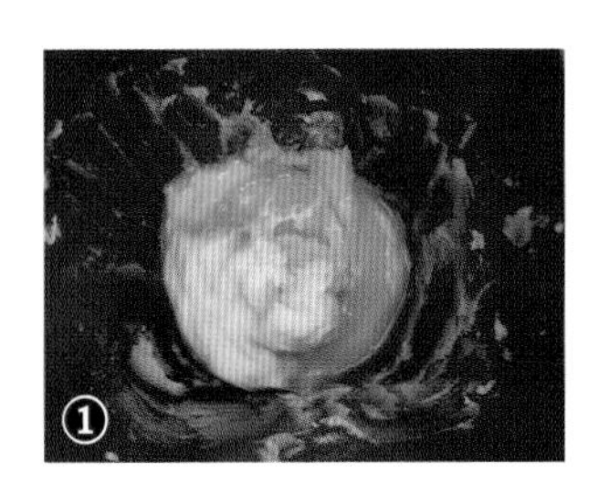

3. 将过筛的面粉和 10g 牛奶倒入面包盆❷，再度开启“乌龙面团”程序（约3 分钟），成团即可停机❸。

4. 将面团分成 2 等份，其中 1/2 放入面包机，加入可可粉与 5g 牛奶，再度启动“乌龙面团”程序，拌匀即可停机❹。面团分别以保鲜膜包好❺，之后压平❻。

5. 面团隔着保鲜膜相叠压平❼，去除中间的保鲜膜，把边缘不整齐的面团另外置于面团上方❽，用手随性压平。

6. 面团分成 4 等份，从两边切割后❾，叠在中间❿。

7. 用手按压使面团变宽，面团对切再交叠⓫。再重复此动作一次后形成长方形。

8. 以保鲜膜包住面团⓬，冷藏至少 2 小时（冷冻至少 40 分钟），以利定型切片。

9. 直接切片烘烤即是条纹饼干⓭；若使用饼干模型，避免切片太薄，厚度约 0.3 ~ 0.4cm，将面团并排，以擀面棍压平⓮。

10. 用模型压出斑马形状⓯，烤箱预热 180℃，烘烤 15 ~ 18 分钟即完成。

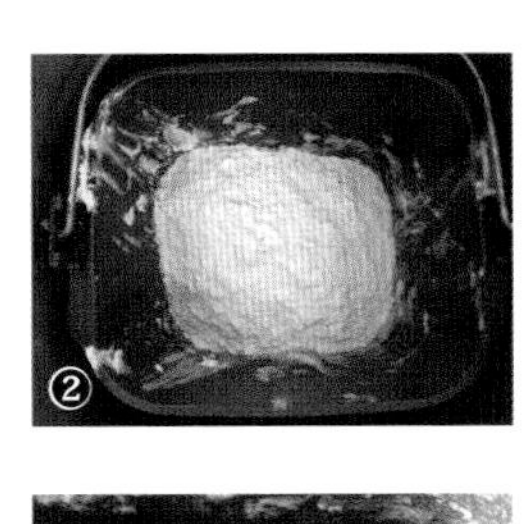
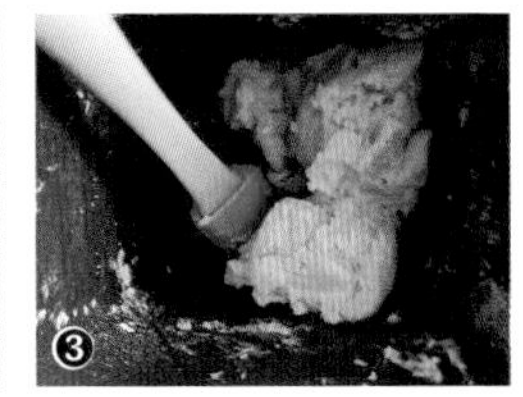

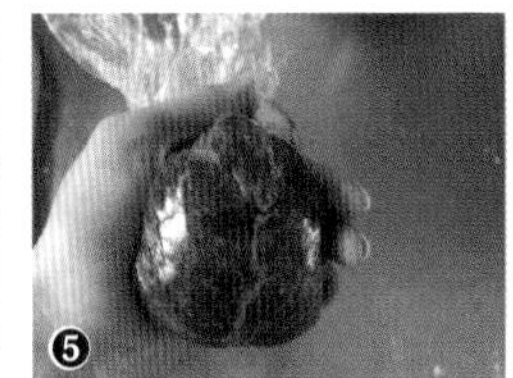
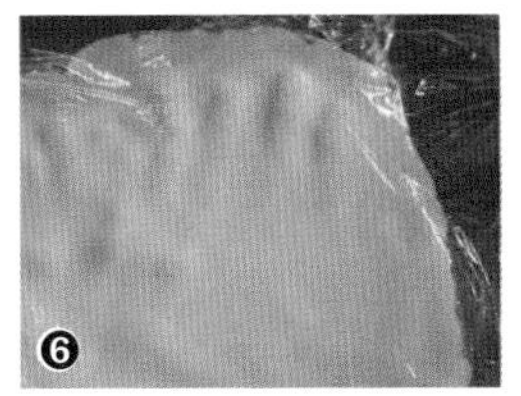
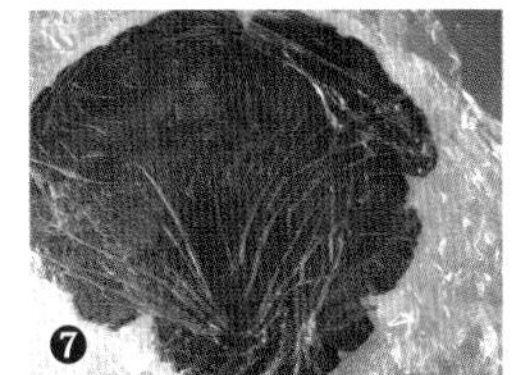
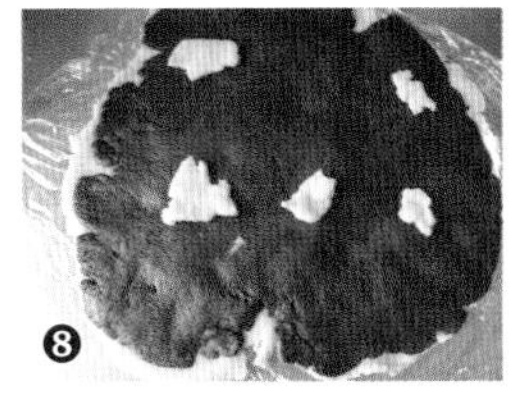
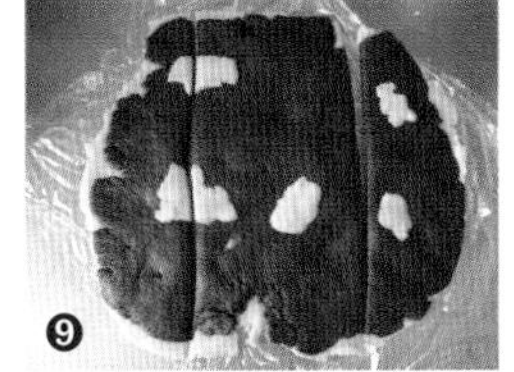
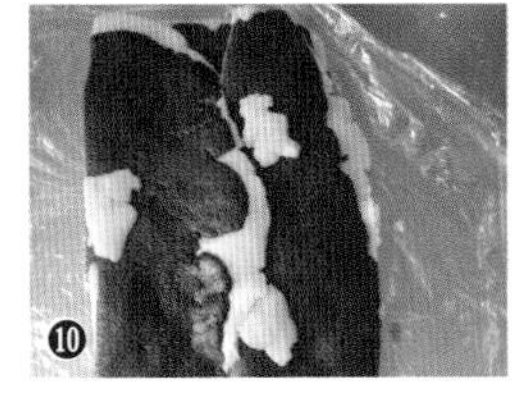

★ 面团每次交叠按压施力不一致才能压出自然的纹路。

★ 做法 9 不能切太薄，否则斑马饼干易碎。

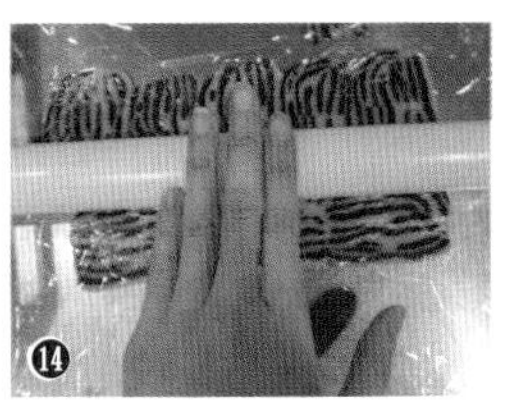
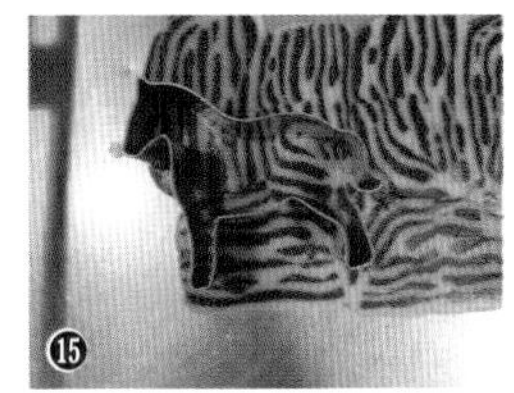

40

缤纷M&M'S饼干

这是一道轻松享受亲子时光的小点心，以小巧缤纷的巧克力点缀饼干，还能与孩子同乐摆放巧克力。

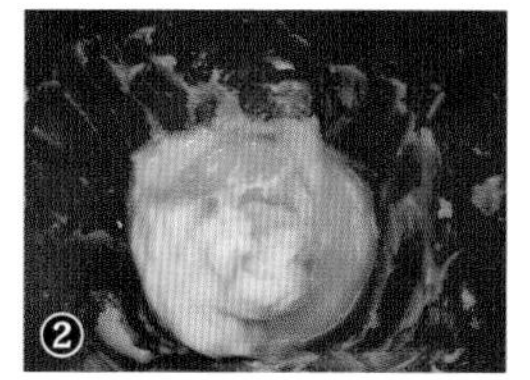

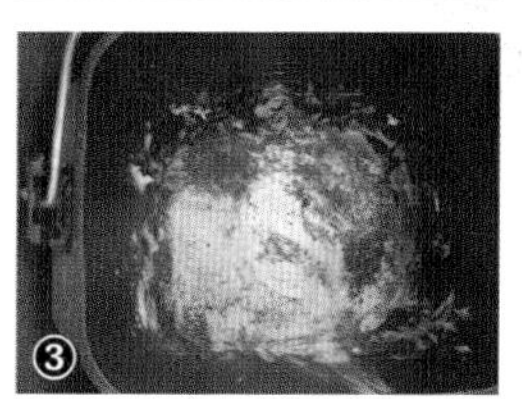

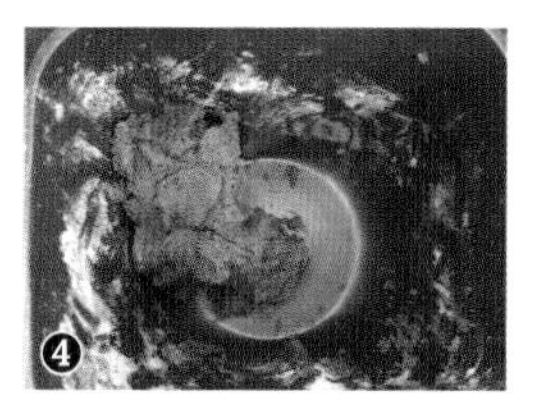

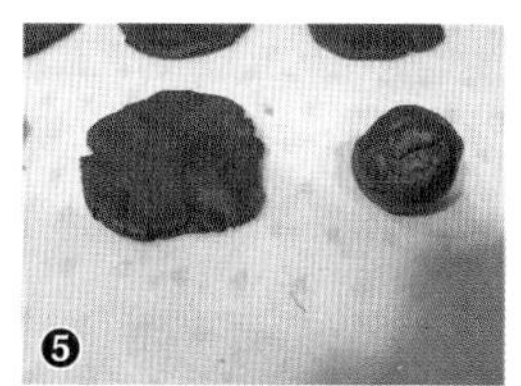

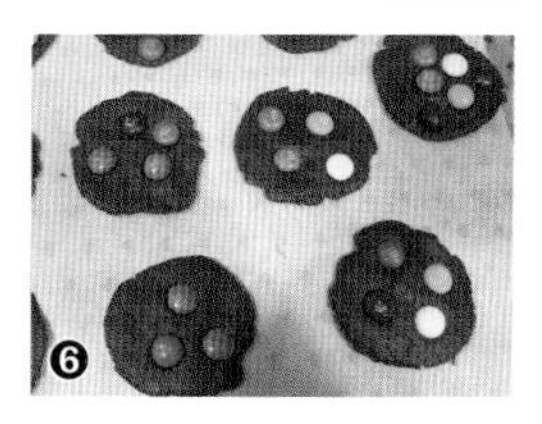

材料

低筋面粉	100g
无糖可可粉	10g
奶油	40g
糖粉	40g
全蛋	30g

整形

M&M'S 巧克力	适量

做法

简易流程：乌龙面团 > 取出面团整形 > 烤箱烘烤

1. 奶油置于室温软化后，与糖粉先放入面包盆，启动“乌龙面团”程序，拌匀即可❶。
2. 分两次加入打散的鸡蛋❷，启动“乌龙面团”程序，拌匀后停机，用搅拌棒将面包盆残留的面糊清干净。
3. 将过筛的面粉、可可粉倒入面包盆❸，再度开启“乌龙面团”程序（约 3 分钟），成团即可停机❹。
4. 分成每颗约 20g 的面团，搓圆后压平❺，放上巧克力并轻压固定❻。
5. 烤箱预热 170℃，烘烤 17 ~ 20 分钟即完成。

★ 放置巧克力时不用压得太用力，避免烘烤时膨胀，推挤到饼干影响外形。

Tips

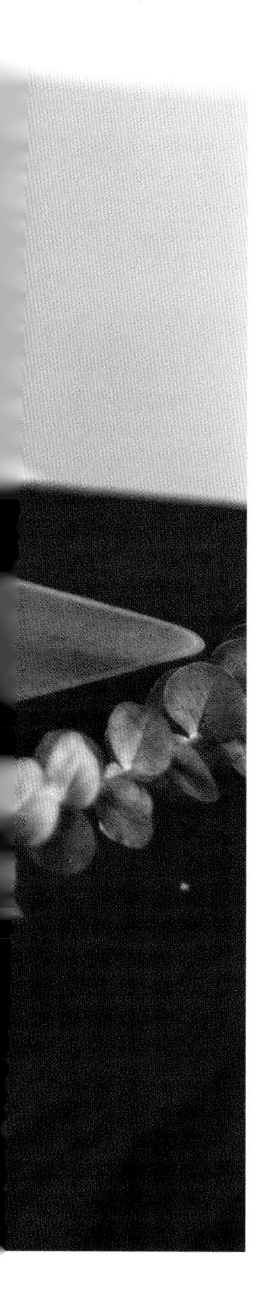

第6章

视觉系吐司

制作本章节的吐司有几个重要事项：

· 发酵时间的掌控很重要，先制作好的面团，放进保鲜盒且冷藏，所有的面团做好后，再一起放到温暖处发酵。

· 面团整形时，保持手的清洁，避免面团沾染到不同的颜色。

· 面团整形好再度放回面包机时，务必将面包机里的剩余粉类清除干净。

41

双色芝麻吐司

较少人使用黑芝麻粉作为配色，其实黑芝麻香气十足，烤出来的颜色也很特别，具有国画的感觉！

白面团

高筋面粉	250g
水	100g
鲜奶	85g
砂糖	20g
奶油	15g
盐	2g
酵母粉	3g

做　法

1. 所有材料放入面包机，启动“乌龙面团”程序。
2. 取出面团分成 2 等份，其 1/2 作为白面团（其余为黑面团），整圆后收进保鲜盒放入冷藏。

黑面团

1/2 白面团	230g
黑芝麻粉	20g
水	12g

做　法

黑面团材料放入面包机❶，启动“乌龙面团”程序，揉面 5 ~ 7 分钟，搅拌均匀后，取出整成圆形。

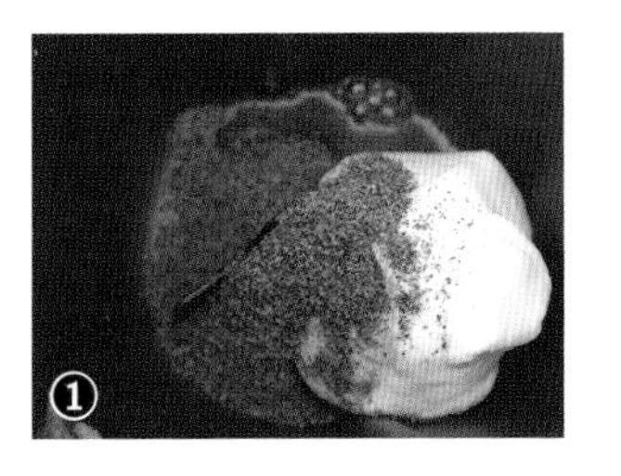
①

后续制作

简易流程：取出面团发酵、整形 > 生种酵母 > 蒸面包

1. 从冰箱取出白面团，与黑面团一起放入面包机发酵，中间以保鲜膜或烘焙纸分隔，启动“生种酵母”程序发酵40分钟。
2. 取出面团拍出空气，滚圆后盖上湿布或锡箔纸，醒面10分钟❷。
3. 分别擀成直径约25cm的圆形，之后相叠，白面团在下、黑面团在上❸。再以擀面棍按压❹，使面团紧密接合。
4. 从边缘开始卷，收口接缝捏紧❺，之后再度往内卷❻。
5. 面团放回面包机❼，启动“生种酵母”程序，进行二次发酵60～90分钟。
6. 启动“蒸面包”程序即完成。

❷

❸

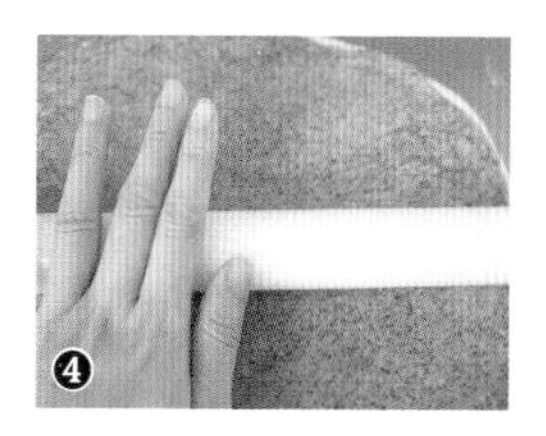
❹

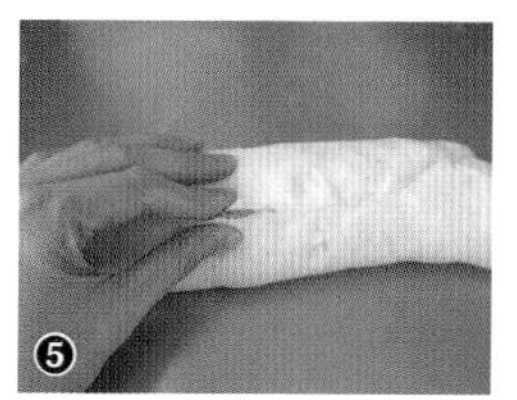
❺

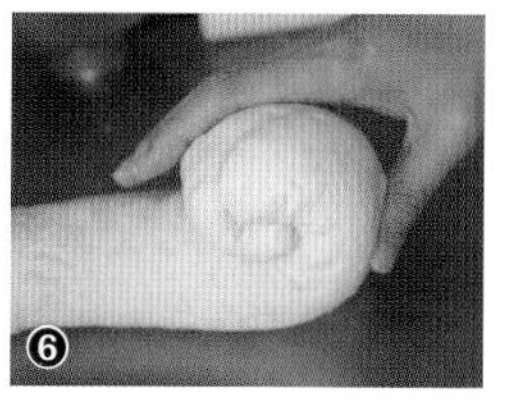
❻

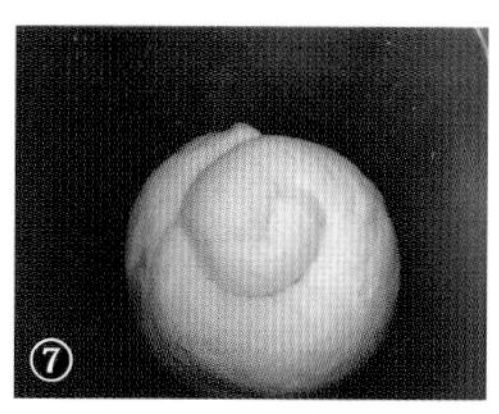
❼

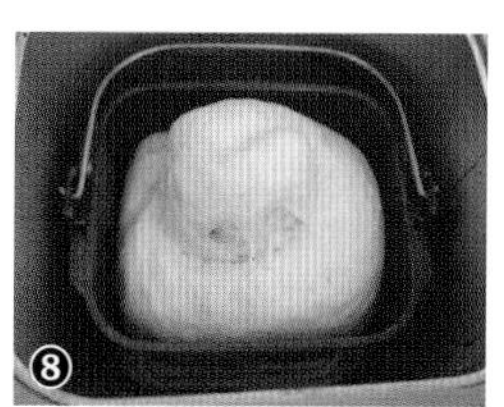
❽

★ 若希望芝麻味道更明显，可增加糖分5～10g。

★ 吐司发酵之后，中间隆起为正常现象❽，花纹也会更漂亮。

42

巧克力旋涡吐司

相较于简易的卷法，本篇采用密集的旋涡卷法，成品会令人眼睛为之一亮哦！

白面团

高筋面粉	250g
鲜奶	195g
砂糖	25g
奶油	15g
盐	2g
酵母粉	3g

做　法

1. 所有材料放入面包机，启动“乌龙面团”程序。
2. 取出面团分成 2 等份，其 1/2 作为白面团（其余为可可面团），整圆后收进保鲜盒放入冷藏。

可可面团

1/2 白面团	约 240g
无糖可可粉	20g
水	12g

做　法

可可面团材料放入面包机❶，启动“乌龙面团”程序，揉面 5 ~ 7 分钟，搅拌均匀后，取出整成圆形。

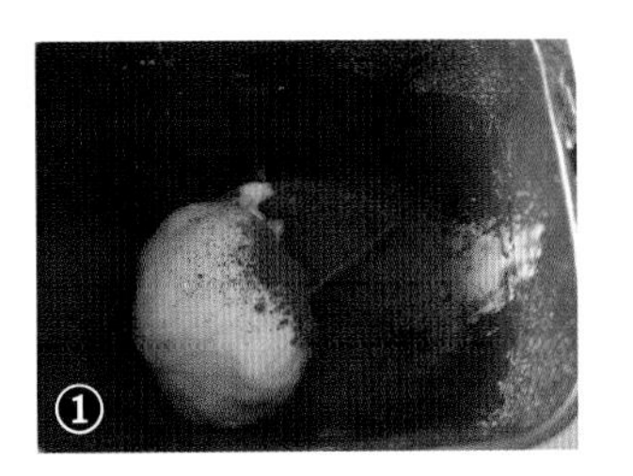

后续制作

简易流程：取出面团发酵、整形 > 生种酵母 > 蒸面包

1. 从冰箱取出白面团，与可可面团一起放入面包机发酵，中间以保鲜膜或烘焙纸分隔，启动“生种酵母”程序发酵 40 分钟。
2. 取出面团拍出空气，滚圆后盖上湿布或锡箔纸，醒面 10 分钟❷。
3. 白面团擀成圆饼形，包裹住可可面团即可❸，包好并将收口捏紧❹。
4. 将面团光滑面朝上拍成四方形❺，并擀成 20cm × 30cm 的长方形❻，于表面涂上一层薄薄的水❼，上下两端再往中间对折❽。
5. 面团再度擀成长约 30cm 的长方形❾，由上往下卷起❿，收口处朝下⓫，放回面包机，启动“生种酵母”程序，进行二次发酵 60 ~ 90 分钟⓬。
6. 启动“蒸面包”程序即完成。

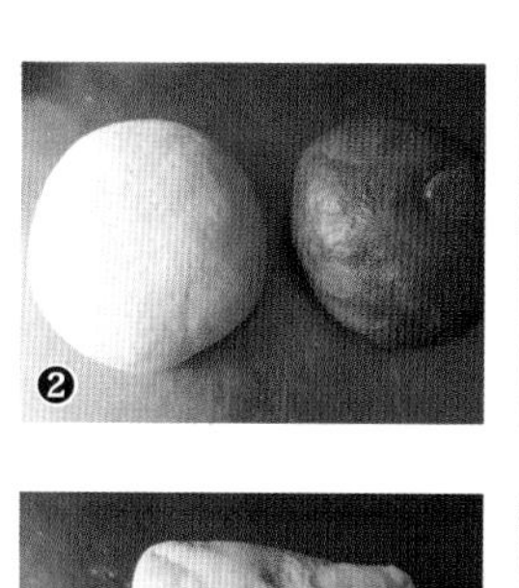
❷

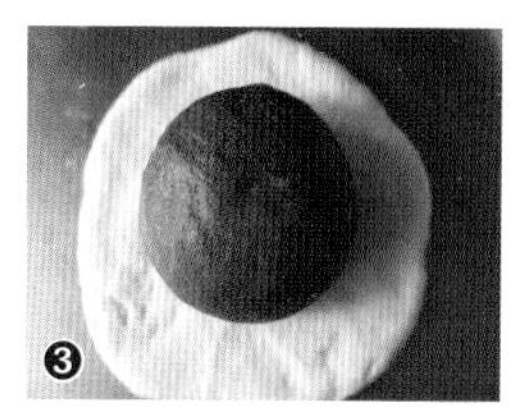
❸

❹

❺

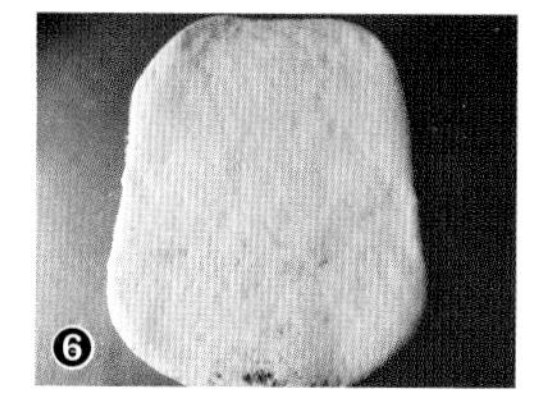
❻

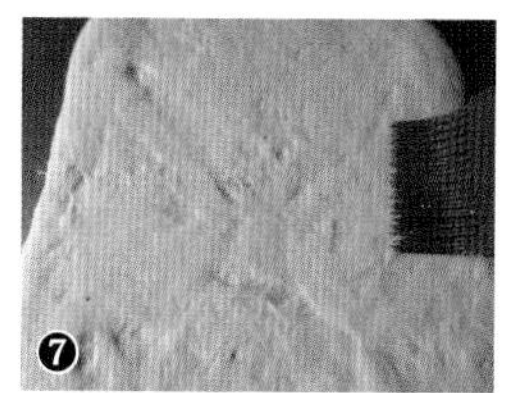
❼

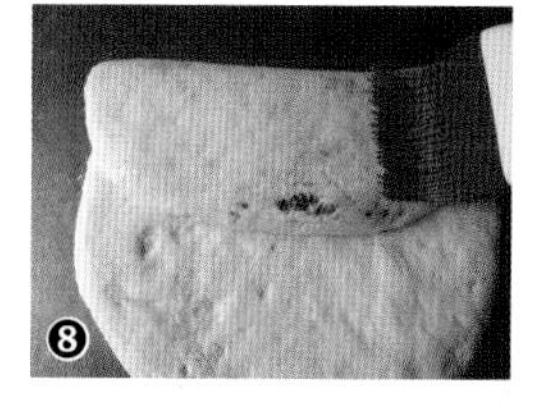
❽

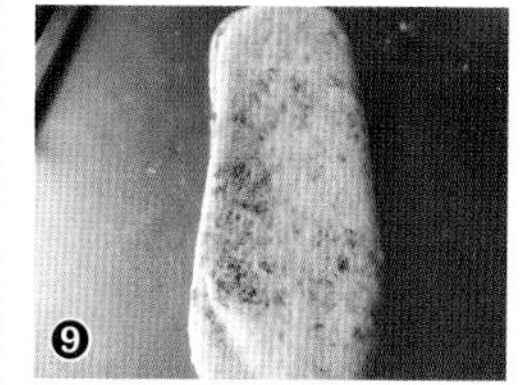
❾

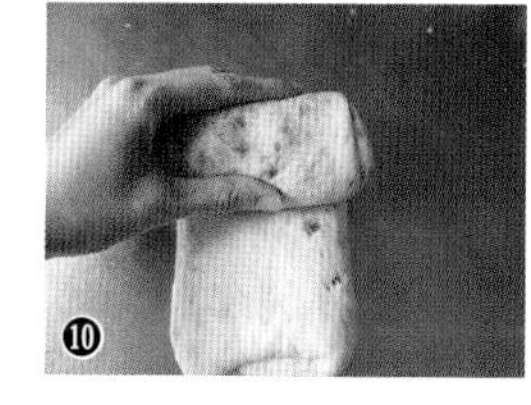
❿

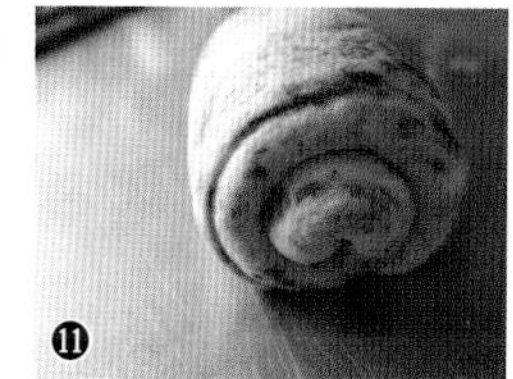
⓫

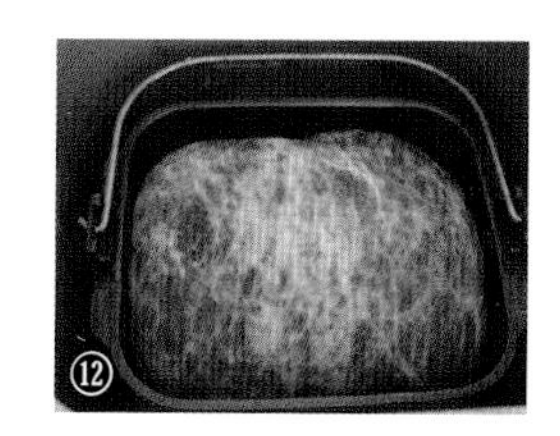
⑫

★ 擀面时不要太用力，避免面团擀破。

★ 做法 5 擀的长度要确实，旋涡才会成功。

43

迷你黑糖夹馅吐司

添加黑糖可使面团呈现棕色，与白色交叠既简单又可爱！

黑面团

高筋面粉	80g
水	55g
黑糖	15g
奶油	5g
盐	0.5g
酵母粉	1g

做　法

黑面团材料放入面包机，启动“乌龙面团”程序，完成后取出整圆，收进保鲜盒放入冷藏。

白面团

高筋面粉	80g
水	55g
砂糖	10g
奶油	5g
盐	0.5g
酵母粉	1g

做　法

白面团材料放入面包机，启动“乌龙面团”程序，揉面 5 ~ 7 分钟，搅拌均匀后，取出整成圆形。

内馅

黑糖（粉末状）	15g
杏仁粉	5g

做　法

杏仁粉过筛，与黑糖混合均匀即完成内馅制作。

后续制作

简易流程：取出面团发酵、整形 > 生种酵母 > 蒸面包

1. 从冰箱取出黑面团，与白面团一起放入面包机发酵，中间以保鲜膜或烘焙纸分隔❶，启动“生种酵母”程序发酵 40 分钟❷。
2. 取出面团拍出空气，滚圆后盖上湿布或锡箔纸，醒面 10 分钟❸。
3. 黑、白面团分别擀成 20cm × 20cm 的正方形，各撒上一半的内馅❹，卷起来收口捏紧❺ ❻。
4. 黑面团与白面团交叉❼，前后两端彼此缠绕，完成简单的辫子❽。
5. 面团放回面包机❾，启动“生种酵母”程序，进行二次发酵约 40 分钟。
6. 启动“蒸面包”程序，烘烤 25 分钟提前停机即完成。

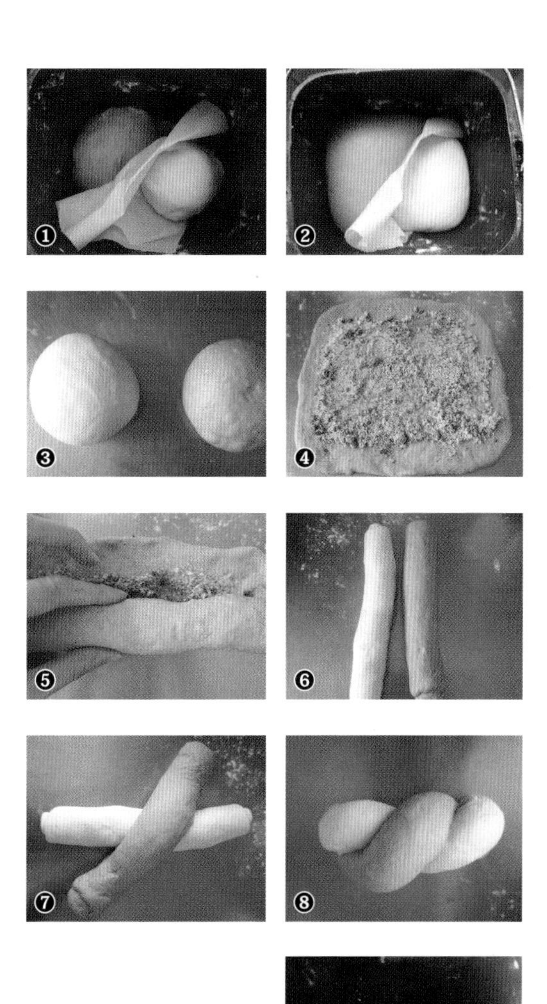

★ 黑糖里的铁质会延缓发酵，所以先制作黑糖面团。

★ 因面团分量少，发酵、烘烤时间也比较短。

44

梦幻三色圣诞吐司

这款具有浓浓节庆感的吐司，很适合在圣诞节时送给朋友哦！

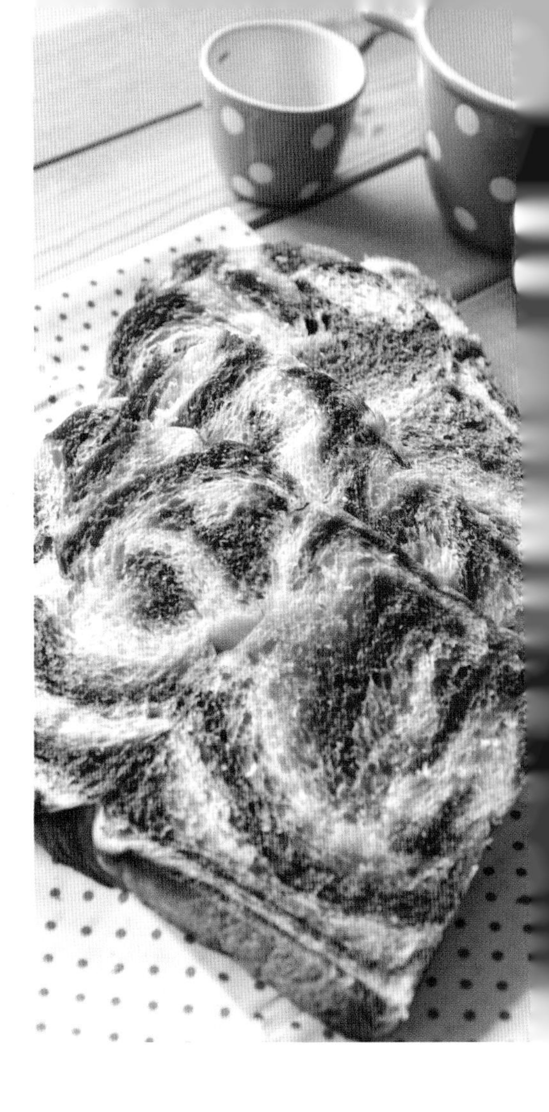

白面团

高筋面粉	250g
鲜奶	190g
砂糖	25g
奶油	15g
盐	2g
酵母粉	3g

做　法

1. 所有材料放入面包机，启动“乌龙面团”程序。
2. 取出面团分成 3 等份，1/3 作为白面团（其余分别为红、绿面团），整圆后收进保鲜盒放入冷藏。

红面团

1/3 白面团	约 160g
红曲粉	4g
水	4g

做　法

红面团材料放入面包机，启动“乌龙面团”程序，揉面 5 ~ 7 分钟，搅拌均匀后，取出整成圆形，收进保鲜盒放入冷藏。

绿面团

1/3 白面团	约 160g
水	4g
抹茶粉	4g

做　法

绿面团材料放入面包机，启动“乌龙面团”程序，揉面 5 ~ 7 分钟，搅拌均匀后，取出整成圆形。

后续制作

简易流程：取出面团发酵、整形 > 生种酵母 > 蒸面包

1. 从冰箱取出红、白面团，红、绿面团一起放入面包机发酵，面团表面喷点水，中间以保鲜膜或烘焙纸分隔，启动“生种酵母”程序；白面团保鲜盒另外放在温度约 26℃的地方。三色面团同时发酵 40 分钟。
2. 面团分别拍出空气，再度整形成圆形❶，盖上湿布或锡箔纸醒面 10 分钟。
3. 红面团简单按压成方形，绿面团擀成较大的方形❷，将红面团包裹在内❸。白面团擀成方形，再将绿面团包裹住❹，面团一样维持方形，收口接缝捏紧❺。
4. 将面团擀成 25cm × 30cm 的长方形❻，再折叠 2 次❼，收口接缝捏紧。
5. 若面团宽度不够，以擀面棍稍微擀一下，将面团切成 3 条❽，保留顶端不切断，开始编辫子❾。
6. 辫子头尾接合❿，放入面包机⓫。启动“生种酵母”程序，进行二次发酵 60 ~ 90 分钟。
7. 启动“蒸面包”程序即完成。

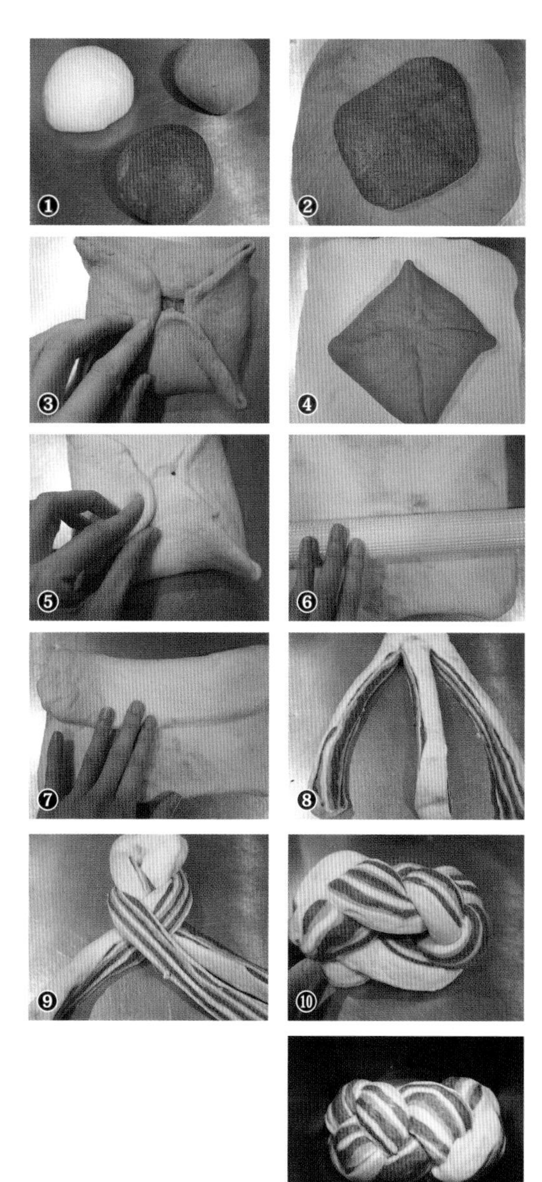

★ 面包吃起来有淡淡的抹茶香气。

45

优雅抹茶双色吐司

简单的螺旋擀卷，搭配绿色与白色面团，就能拥有恬静优雅的视觉享受。

白面团

高筋面粉	250g
鲜奶	190g
砂糖	15g
奶油	20g
盐	2g
酵母粉	3g

做　法

1. 所有材料放入面包机，启动“乌龙面团”程序。
2. 取出后分成 2 等份，其中 1/2 作为白面团，收进保鲜盒放入冷藏（其余为绿面团的材料）。

绿面团

1/2 白面团	240g
抹茶粉	6g
水	6g

做　法

绿面团材料放入面包机，启动“乌龙面团”程序，揉面 5 ~ 7 分钟，搅拌均匀后，取出整成圆形。

后续制作

简易流程：取出面团发酵、整形 > 生种酵母 > 蒸面包

1. 从冰箱取出白面团，与绿面团一起放入面包机发酵，中间以保鲜膜或烘焙纸分隔，启动“生种酵母”程序发酵 40 分钟。
2. 取出面团拍出空气并滚圆，盖上湿布或锡箔纸醒面 10 分钟❶。
3. 白、绿面团分别擀成 12cm × 30cm 的长方形（12cm 约是面包盆的宽度）❷，把两片面团叠放，再以擀面棍稍微按压使面团结合得更紧密❸。
4. 卷起面团❹，收口朝下放入面包机❺，启动“生种酵母”程序，进行二次发酵 60 ~ 90 分钟❻。
5. 启动“蒸面包”程序即完成。

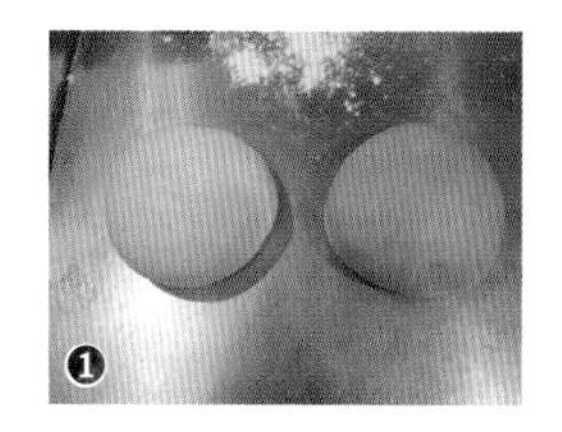

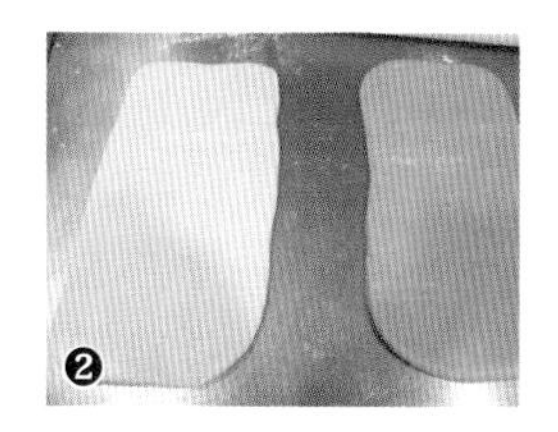

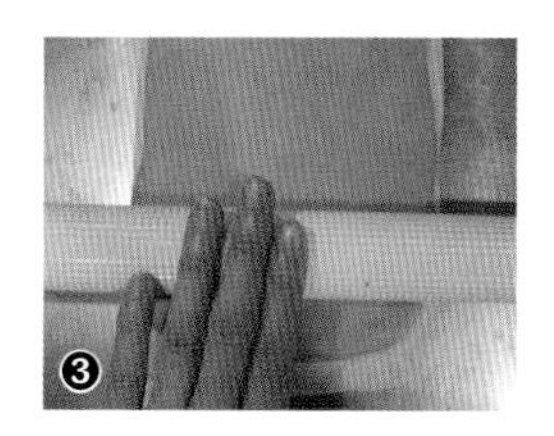

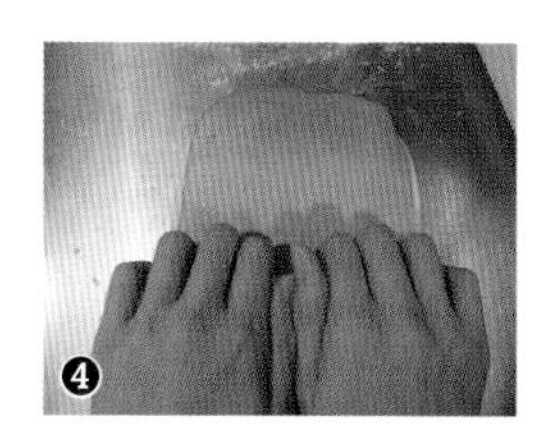

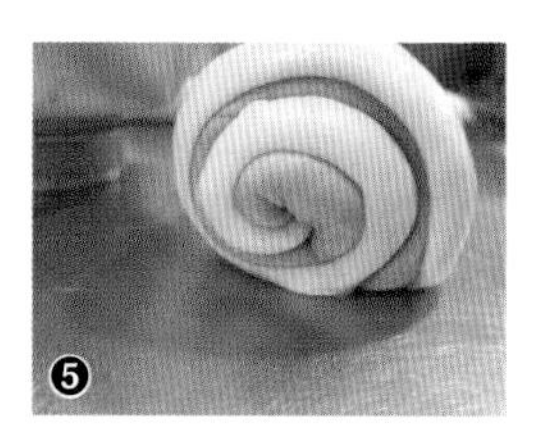

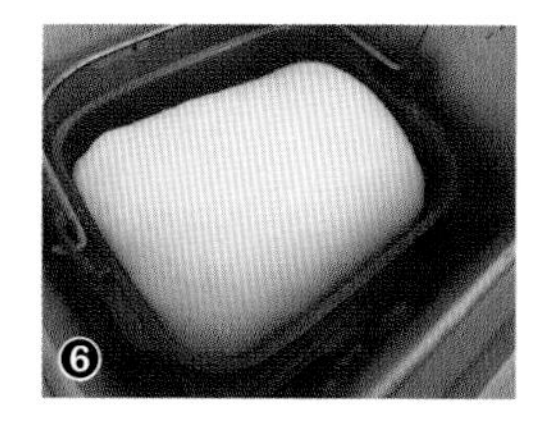

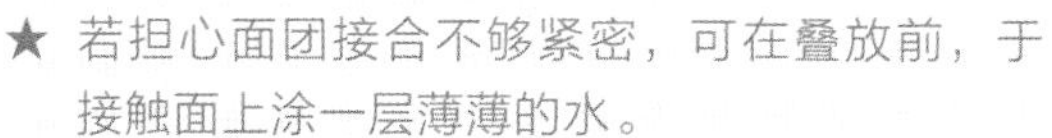

★ 若担心面团接合不够紧密，可在叠放前，于接触面上涂一层薄薄的水。

46

紫色百褶吐司

优雅的紫色，经过百褶手法呈现出的花纹，别有一番风味。

白面团

高筋面粉	125g
水	87g
砂糖	10g
奶油	10g
盐	1g
酵母粉	1.5g

做　法

白面团材料放入面包机，启动“乌龙面团”程序；完成后取出整圆，收进保鲜盒放入冷藏。

紫面团

高筋面粉	125g
水	55g
蒸熟紫薯片	70g
砂糖	10g
奶油	10g
盐	1g
酵母粉	1.5g

做　法

紫面团材料放入面包机，启动“乌龙面团”程序，揉面 5 ~ 7 分钟，搅拌均匀后，取出整成圆形。

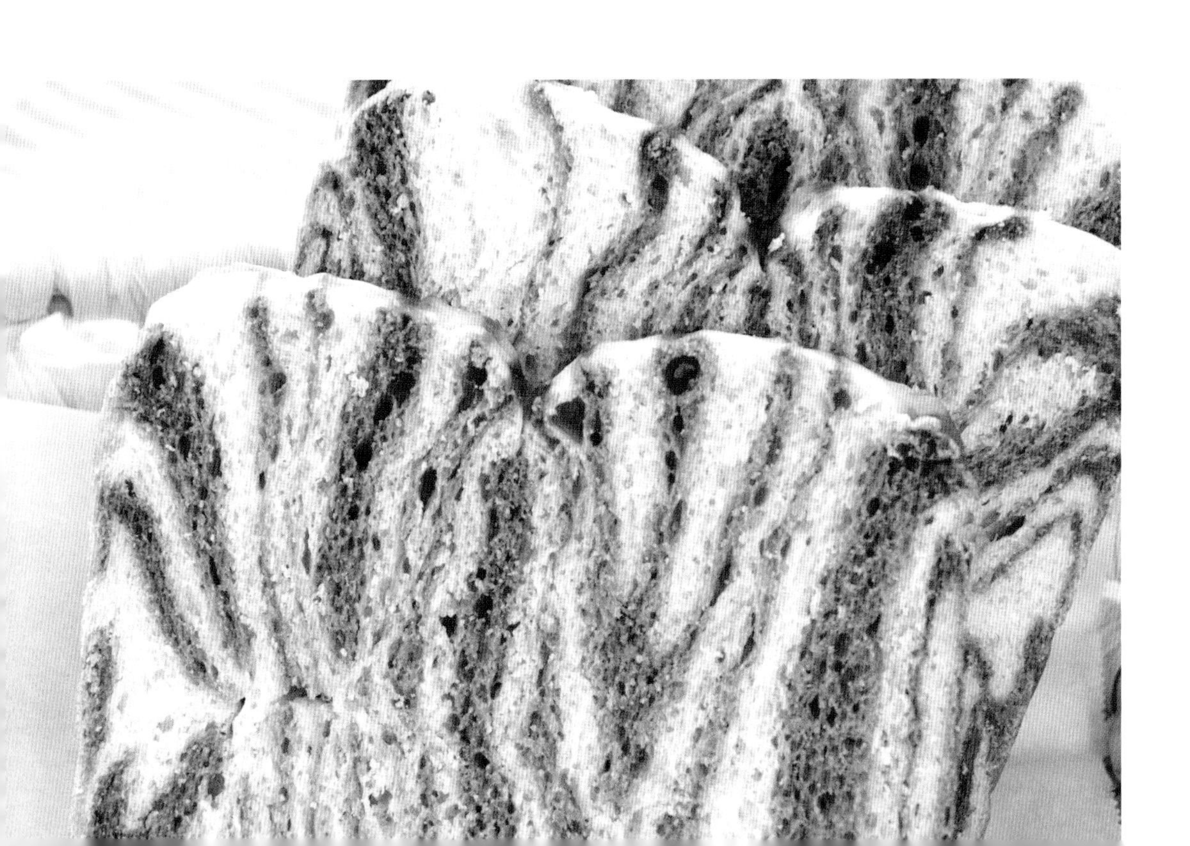

后续制作

简易流程：取出面团发酵、整形 > 生种酵母 > 蒸面包

1. 从冰箱取出白面团，与紫面团一起放入面包机发酵，中间以保鲜膜或烘焙纸分隔，启动“生种酵母”程序发酵 40 分钟。
2. 面团拍出空气并滚圆，盖上湿布或锡箔纸，醒面 10 分钟。
3. 白面团简单按压成方形，紫面团擀成较大的方形❶，将白面团包裹在内，面团一样维持方形，收口接缝捏紧❷。
4. 将面团擀成 30cm × 20cm 的长方形❸，再折叠 2 次❹，盖上湿布或锡箔纸再醒面 5 ~ 10 分钟。
5. 以擀面棍再擀成约 30cm × 15cm 的长方形❺，之后折叠 2 次❻ ❼。
6. 从中间切开，花纹面朝上放回面包机❽，启动“生种酵母”程序，进行二次发酵 60 ~ 90 分钟。
7. 启动“蒸面包”程序即完成。

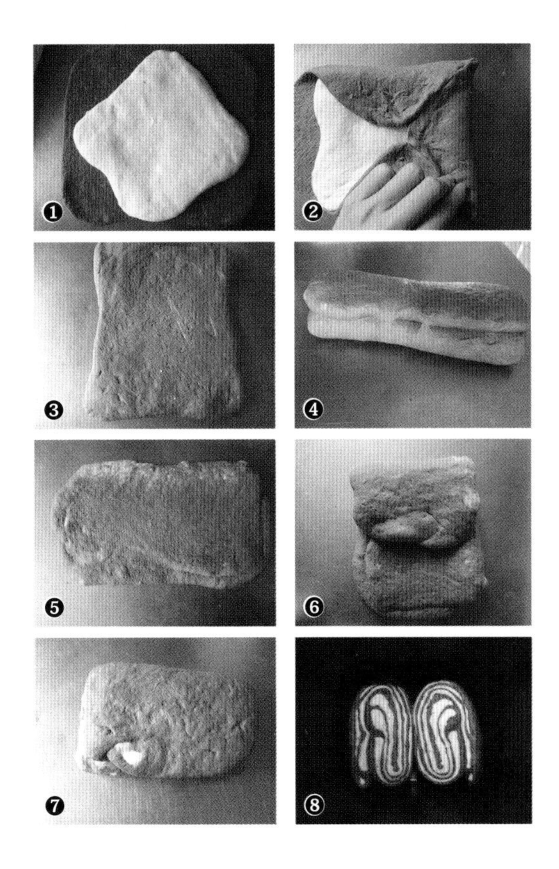

★ 紫薯过多会影响面团发酵，避免比食谱的分量更多。

★ 出炉的成品，从长边开始切才会有漂亮的纹路哦！

47

巧克力双色吐司

简单的卷法也能做出有趣的双色图案哦！

白面团

高筋面粉	250g
鲜奶	190g
砂糖	25g
奶油	20g
盐	3g
酵母粉	3g

做　法

1. 所有材料放入面包机，启动“乌龙面团”程序。
2. 将面团分成 260g 与 230g，230g 面团收进保鲜盒放入冷藏；其余 260g 作为可可面团的材料。

可可面团

部分白面团	约 260g
无糖可可粉	15g
水	10g

做　法

可可面团材料放入面包机，启动“乌龙面团”程序，揉面 5 ~ 7 分钟，搅拌均匀后，取出整成圆形。

后续制作

简易流程：取出面团发酵、整形 > 生种酵母 > 蒸面包

1. 从冰箱取出白面团，与可可面团一起放入面包机发酵，中间以保鲜膜或烘焙纸分隔，启动“生种酵母”程序发酵 40 分钟。
2. 取出面团拍出空气，滚圆后盖上湿布或锡箔纸，醒面 10 分钟❶。
3. 面团分别擀成直径约 30cm 的圆形❷，重叠后以擀面棍擀平❸，使面团黏合得更紧，再从边缘卷起❹。
4. 面团收口接缝捏紧❺，对折后放回面包机❻，启动“生种酵母”程序，进行二次发酵 60 ~ 90 分钟。
5. 启动“蒸面包”程序即完成。

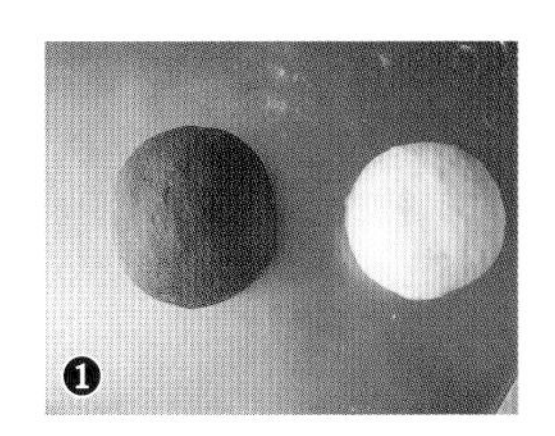

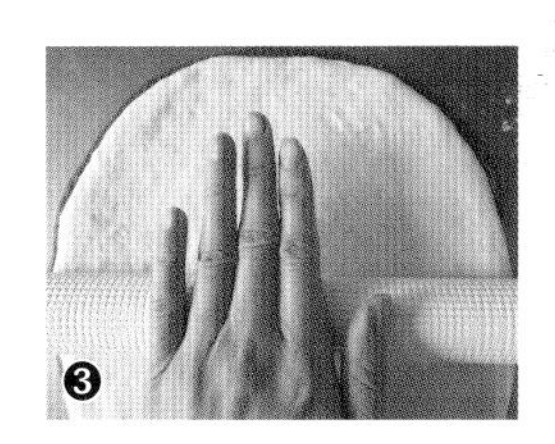

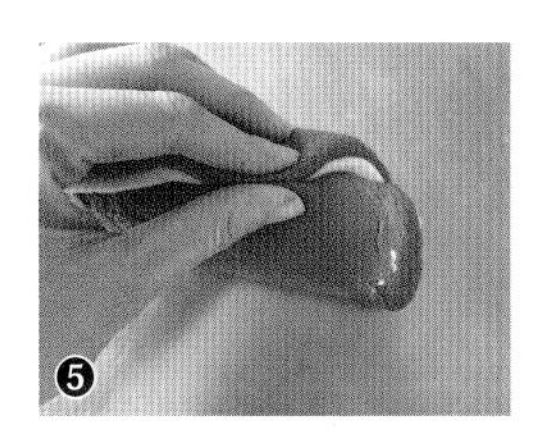

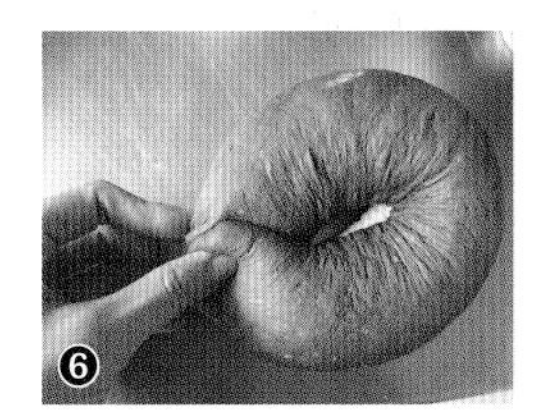

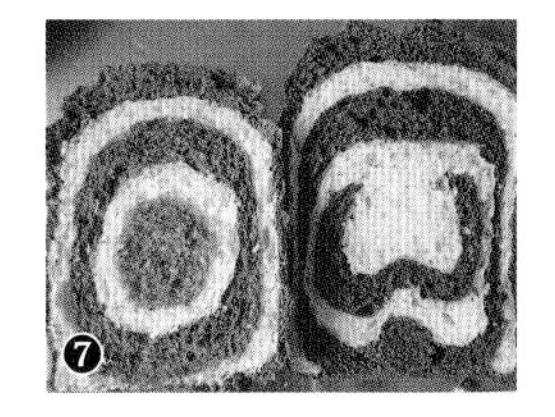

★ 添加了可可粉，所以不建议再减糖，避免吃起来会苦涩。

★ 每片的图案都不一样哦❼！

Tips

第7章

世界各地的面包

偶尔享受一下不同国家的面食也很棒呢！从日系的红豆面包到丰富餐桌的贝果、口袋面包……还有可当正餐的意大利千层面，一道道都是好吃的美食哦！

48

全麦贝果

外皮带有一点嚼劲的贝果，
面包本身却很柔软哦！

材料

高筋面粉	170g
麸皮面粉	30g
水	130g
油	10g
砂糖	10g
盐	2g
酵母粉	2g

整形

冷水	500g
砂糖	15g

做　法

选择程序：面包面团 > 取出面团整形 > 二次发酵 > 烤箱烘烤

1. 面团材料放入面包机，启动“面包面团”程序。
2. 手沾少许高筋面粉，取出面团拍打使空气散出。分成 4 等份并滚圆，盖上湿布或锡箔纸醒面 10 分钟❶。
3. 擀成椭圆状❷，光滑面朝下，从长边往内卷❸，用手将面团搓成约 25cm 的长条形❹，将头尾压平❺，相接后收口接缝捏紧❻。
4. 面团置于烤盘上，盖上湿布或锡箔纸，进行二次发酵 30 ~ 40 分钟（发到原本的 1.5 ~ 2 倍大即可）。

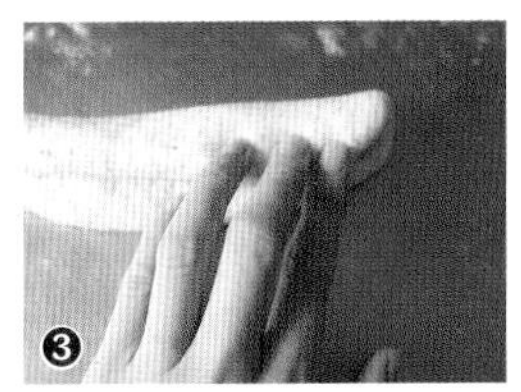

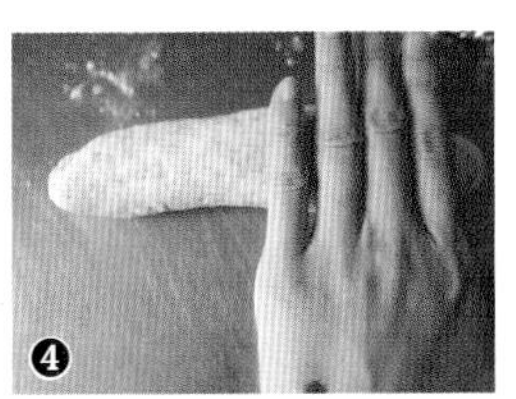

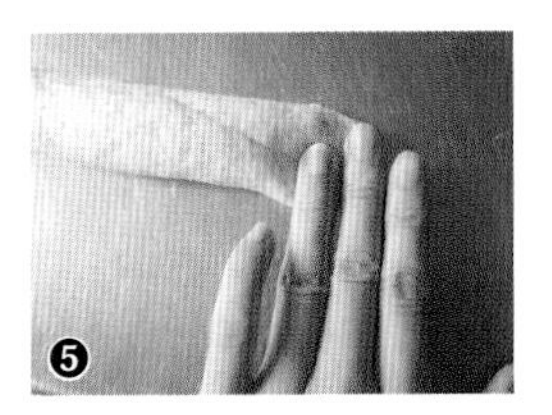

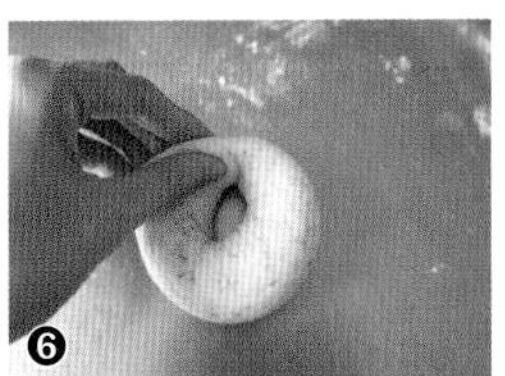

★ 面团水煮越久越有嚼劲，可依喜好做调整。

5. 进烤箱之前，冷水与砂糖加热煮沸，再将面团放入水煮，每一面煮 15 秒再翻面❼。双面都煮过后，捞起放在网架上沥干水分。最后放回烤盘上❽。
6. 烤箱预热 190℃，烘烤 12 ~ 15 分钟即完成。

⑦

⑧

49

红豆面包

面包添加自制的无油红豆馅，口感一级棒又零负担。

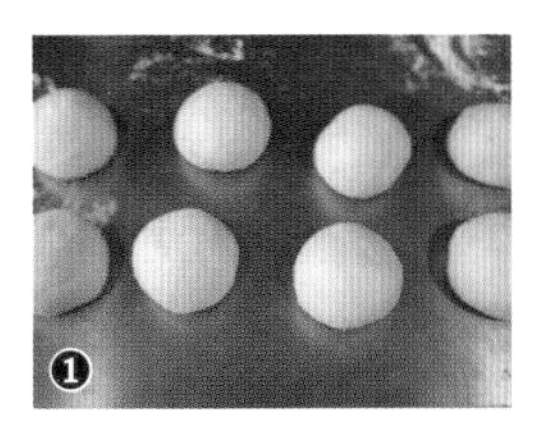
❶

②

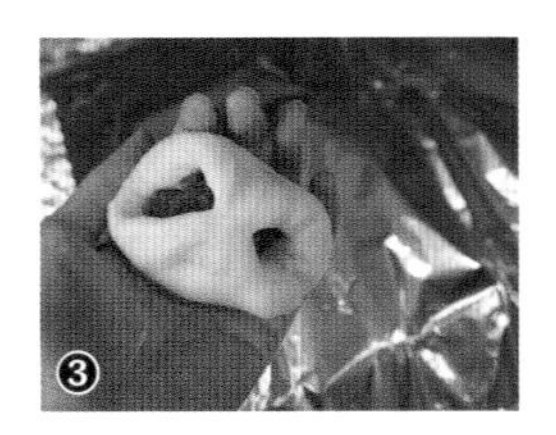
③

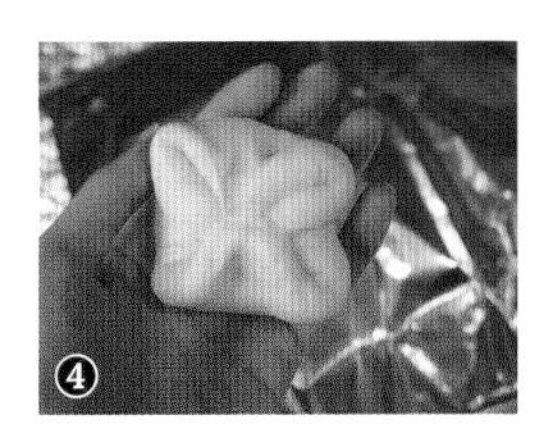
④

⑤

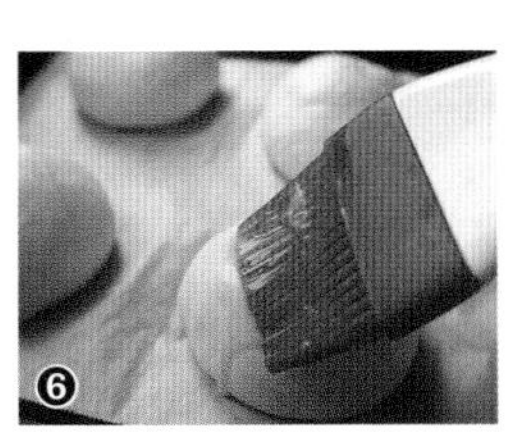
⑥

⑦

材料

高筋面粉	220g
低筋面粉	30g
奶粉	10g
鸡蛋	1 颗
水	120g
	（或鸡蛋 + 水 =175g）
奶油	20g
砂糖	20g
盐	2g
酵母粉	3g

整形

红豆馅（做法详见 p152）	200g
全蛋蛋液	适量
黑芝麻	适量

做　法

简易流程：面包面团 > 取出面团整形 > 二次发酵 > 烤箱烘烤

1. 面团材料放入面包机，启动“面包面团”程序。
2. 手沾少许高筋面粉，取出面团拍打使空气散出。分成 8 等份并滚圆，盖上湿布或锡箔纸醒面 10 分钟❶。
3. 拍打成圆饼状，分别放入 25g 的红豆馅❷，包好收口接缝捏紧❸ ❹ ❺。
4. 面团置于烤盘上，盖上湿布或锡箔纸，进行二次发酵 25 ~ 35 分钟（发到原本的 1.5 ~ 2 倍大即可）。
5. 发酵完成后，面团涂上蛋液❻，放上适量黑芝麻❼，烤箱预热 190℃，烘烤 12 ~ 15 分钟即完成。

★ 建议将红豆馅先分好每份 25g，并压成圆形，以利包馅。

★ 可将面团材料中的鸡蛋打散后，取 10 ~ 15g 作为整形时使用的蛋液。原本的蛋液则加 10 ~ 15g 的水补足，倒入面团搅拌。如此就不用担心剩余蛋液的问题！

Tips

50

菠菜奶酪佛卡夏

有别于一般的佛卡夏，这款面包层次丰富，也很适合当正餐。

材料

高筋面粉	200g
水	130g
油	10g
砂糖	10g
盐	2g
酵母粉	2g

整形

菠菜叶子	6 大片
奶酪片	2 片
奶酪粉	适量
奶酪丝	适量
热狗切片	2 根
橄榄油	少量

做　法

选择程序：面包面团 > 取出面团整形 > 二次发酵 > 烤箱烘烤

1. 面团材料放入面包机，启动“面包面团”程序。
2. 菠菜叶子洗净、擦干，热狗切片备用。
3. 手沾少许高筋面粉，取出面团拍打使空气散出。分成 3 等份并滚圆，盖上湿布或锡箔纸醒面 10 分钟❶。
4. 面团分别擀成 20cm × 20cm 的正方形❷，铺上菠菜、火腿、奶酪片❸；盖上第二层面团，稍微用手按压❹，铺上菠菜、火腿、奶酪丝❺；最后盖上第三层面团，尽量把旁边的接缝处捏紧❻。盖上湿布或锡箔纸，进行二次发酵 20 ~ 30 分钟。

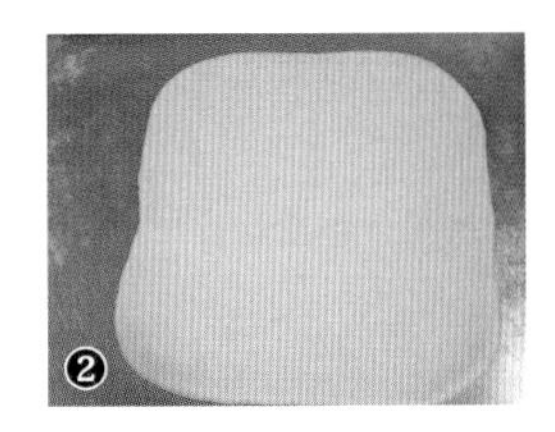

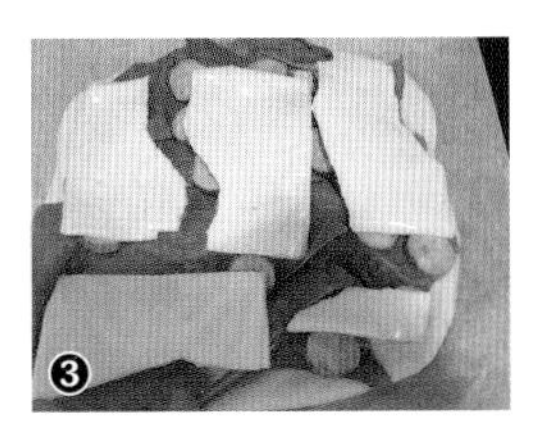

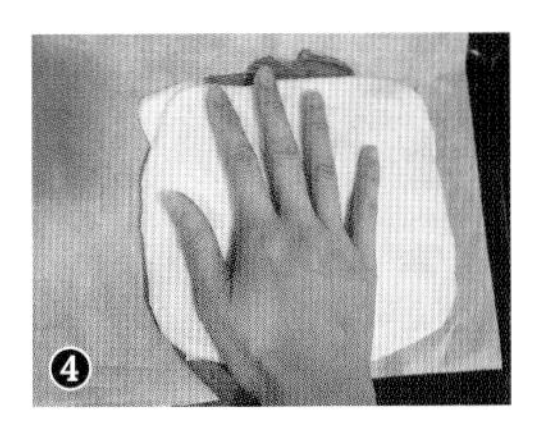

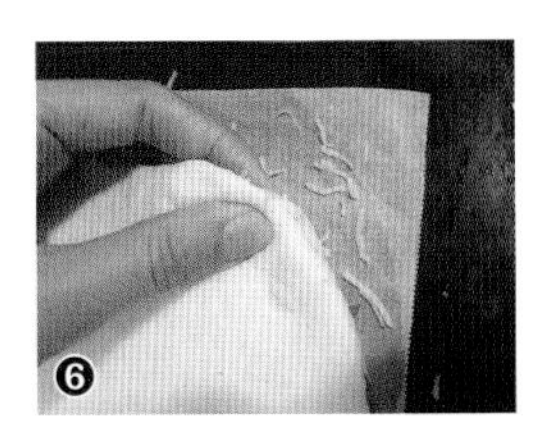

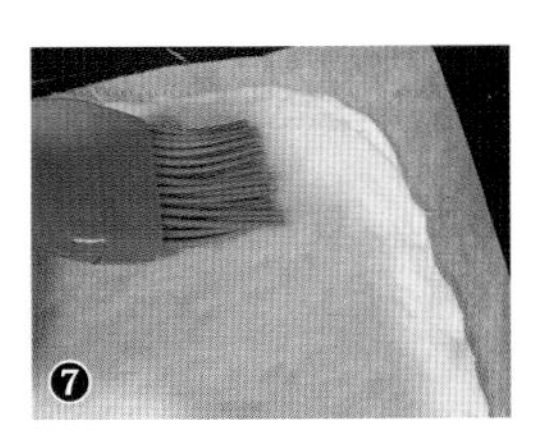

5. 进烤箱之前，刷上橄榄油❼，用手或筷子戳几个洞❽，最后撒上奶酪粉❾。

6. 烤箱预热 190℃，烘烤 15 ~ 18 分钟即完成。

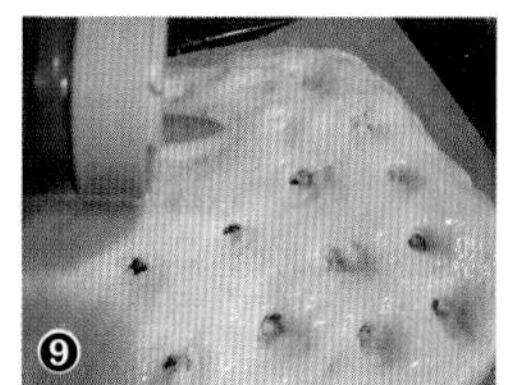

★ 可自行搭配里面的配料。

★ 佛卡夏一般不需二次发酵，而二次发酵相对会较柔软，可依喜好斟酌。

★ 食用前回烤一下会更好吃！

Tips

51

意式千层面

在家也能完成非常高档的千层面哦！

白酱（2人份）

奶油	40g
低筋面粉	20g
鲜奶	140g
盐	适量
月桂叶	1片

做法

1. 奶油放进锅里加热❶，熔化后倒入面粉❷，拌炒至微微呈现糊状。
2. 加入鲜奶，调到中火继续拌炒，再加入盐、月桂叶调味❸，之后放凉备用。

肉酱

油	10g
洋葱	60g
新鲜西红柿丁	30g
猪绞肉	200g
西红柿糊	50g
盐	适量

做法

洋葱用油炒到透明略微带有咖啡色❹，加入西红柿丁炒3～5分钟，放入绞肉、西红柿糊，直到绞肉炒熟❺，加入适量盐调味即可。

面皮

中筋面粉 180g
鸡蛋 90 ~ 100g
油 5g
盐 1g

做　法

1. 面皮材料放入面包机，启动“乌龙面团”程序，搅拌成团后停机❻，醒面30 分钟。
2. 手沾面粉取出面团，分成 4 等份❼，分别以擀面棍擀平❽，擀成约 0.2cm 的厚度。再依烤皿的大小，切成一片片的长方形❾。

装饰

奶酪丝 100g
小西红柿 少量

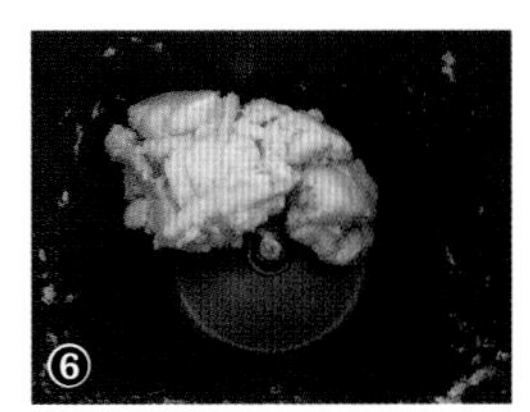

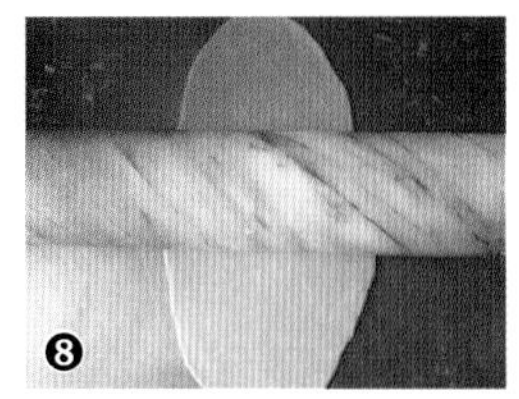

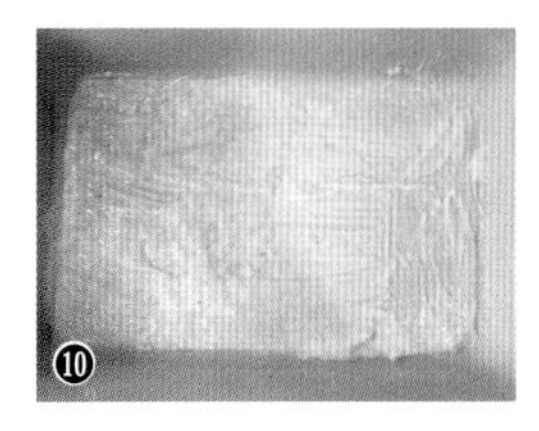

后续制作

1. 烤皿由下至上依序：涂抹白酱❿、铺上面皮⓫、涂抹白酱、铺上肉酱、洒上奶酪丝⓬。
2. 盖上一层面，重复做法 1。
3. 盖上一层面，撒上奶酪丝⓭，放上小西红柿。
4. 烤箱预热 200℃，烘烤 20 ~ 25 分钟即完成。

★ 制作面皮时水分较少，面包机搅拌会比较慢。不需搅拌至光滑，大约成团即可。

★ 直接使用做好的面皮，口感可能稍硬。若要口感更柔软，可先水煮约 1 分钟再使用。

★ 擀面皮需费些力气，若搭配压面机会更省时省力。

52

墨西哥卷饼

墨西哥卷饼的用途很广，把它当作夹馅烤饼，仿佛正在享受一顿很棒的大餐！

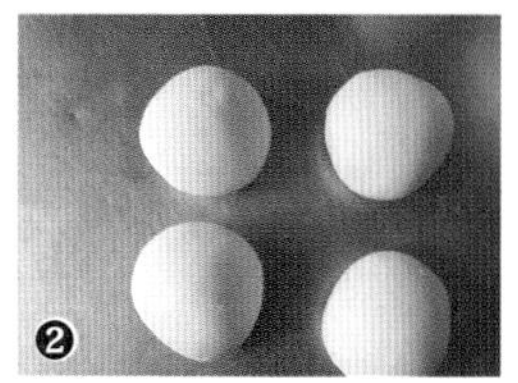

材料

中筋面粉	200g
水	120g
油	12g
盐	1g

馅料

鸡柳条	150g
黑胡椒	适量
盐	适量

整形

奶酪丝	适量
西红柿丁	适量

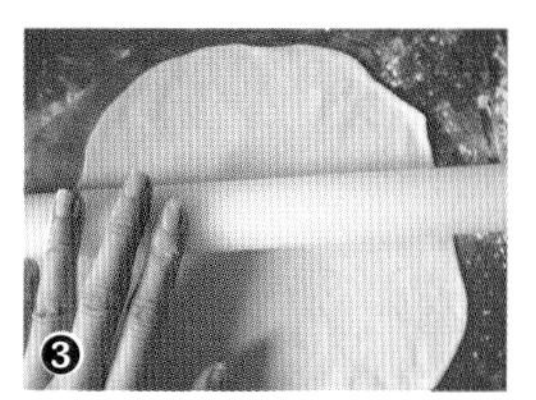

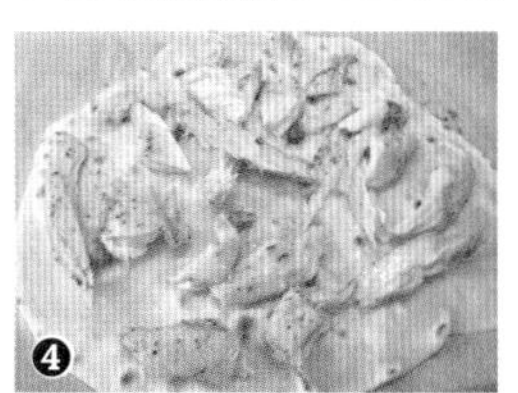

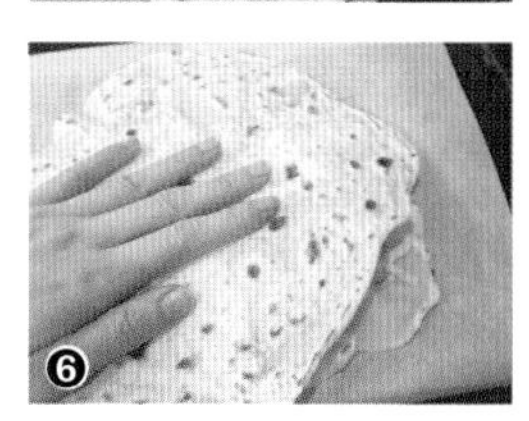

做　法

选择程序：乌龙面团 > 取出面团整形 > 平底锅煎烤

1. 面团材料放入面包机，启动“乌龙面团”程序。程序结束后，醒面 30 ~ 40 分钟。
2. 利用醒面的时间制作馅料，鸡柳条撒上黑胡椒、盐后用手搓匀，腌 15 ~ 20 分钟，最后以平底锅煎熟即可❶。
3. 手沾少许高筋面粉，将面团分成 4 等份并滚圆，盖上湿布或锡箔纸醒 10 分钟❷。
4. 面团分别擀成直径 20 ~ 25cm 的圆形❸。平底锅加热之后，放入单张饼皮，用中小火每面煎 1 ~ 2 分钟即可。
5. 煎好的饼皮置于烤盘上，摆放撕开的鸡柳条❹，铺上西红柿丁与奶酪丝❺，最后再盖上饼皮❻。
6. 烤箱预热 190℃，烘烤 10 ~ 12 分钟即完成。

★ 剩下的墨西哥饼可当一般卷饼使用，随意包入自己喜欢的馅料。

★ 饼皮擀得越薄，烤起来越酥脆。

Tips

53

口袋面包

无论是鲔鱼、鸡蛋或生菜、水果，夹进口袋面包食用都很方便呢！

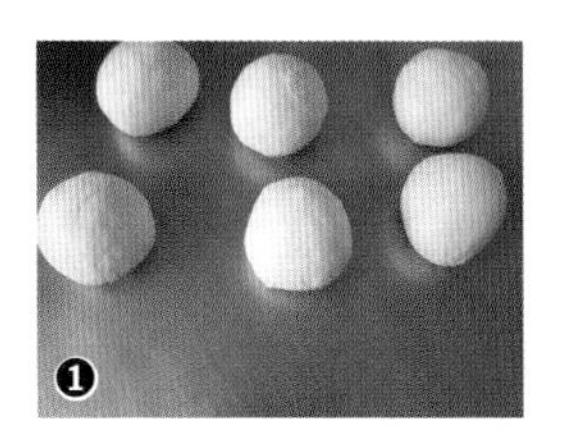
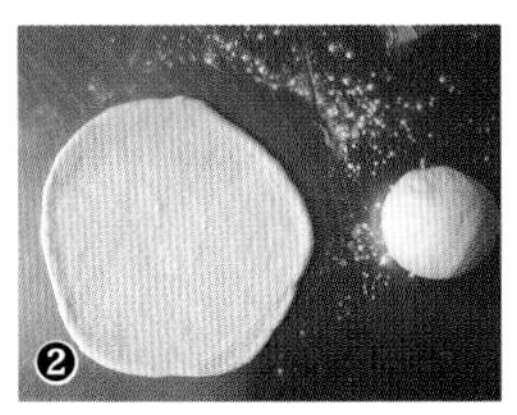
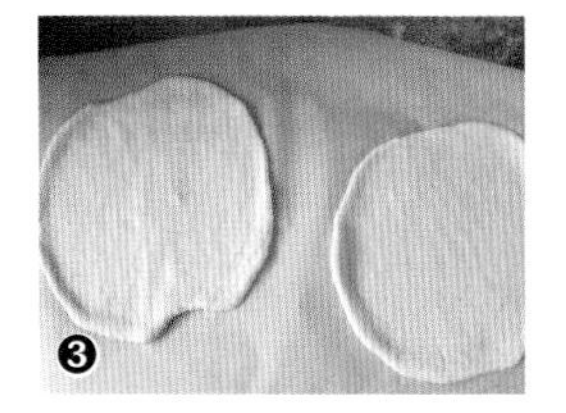
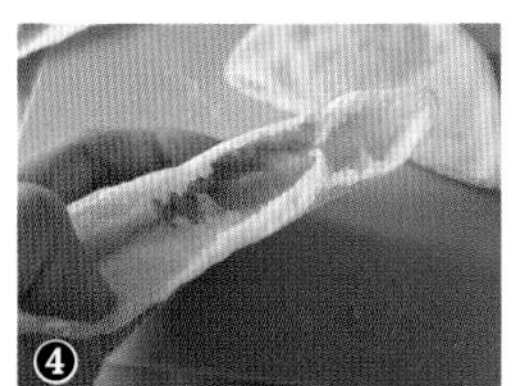

材料

中筋面粉	200g
水	120g
糖	10g
酵母粉	2g
油	10g
盐	1g

馅料

鲔鱼色拉	适量
西红柿	适量
生菜	适量

做　法

选择程序：面包面团 > 取出面团整形 > 烤箱或平底锅煎烤

1. 面团材料放入面包机，启动“面包面团”程序。
2. 手沾少许高筋面粉，取出面团拍打使空气散出。分成6等份并滚圆，盖上湿布或锡箔纸醒面10分钟❶。
3. 面团分别擀成直径15cm的圆形❷，平底锅加热之后，小心放入单张面团，用中小火每面煎3～4分钟即可（或以烤箱预热190℃，烘烤10分钟❸）。
4. 将烤好的面包对切，从小洞开始剥开❹，放进馅料即可。

★ 煎（烤）好的饼皮很容易变干，建议放凉之后，尽快用布包起来或放入盒子，保持湿度。

54

葱花奶酪司康

面包机也能做司康！咸口味的司康更耐吃，与葱花、奶酪简直是绝配！

材料

奶油	80g
低筋面粉	200g
泡打粉	5g
砂糖	20g
盐	1g
鸡蛋	1 颗
鲜奶	10g
葱花	40g
奶酪粉	40g
奶酪丝	20g

做　法

选择程序：乌龙面团＞取出面团整形＞蒸面包

1. 奶油切小块放冰箱备用，低筋面粉、泡打粉先过筛。
2. 用手直接将奶油捏碎，与低筋面粉、泡打粉结合成小块状❶。
3. 倒入砂糖、盐，启动“乌龙面团”程序，搅拌均匀；加入鸡蛋❷，再度启动“乌龙面团”程序，搅匀后倒入鲜奶，搅拌均匀即可❸。
4. 放入葱花、奶酪粉❹，拌匀即可❺。
5. 面团倒出并拍平❻，之后对切。将两个面团叠放❼，以刮板简单塑型，整成与面包盆相同大小的形状❽。
6. 简单划分 6 等份❾，放回面包机，洒上奶酪丝❿。
7. 启动“蒸面包”程序即完成。

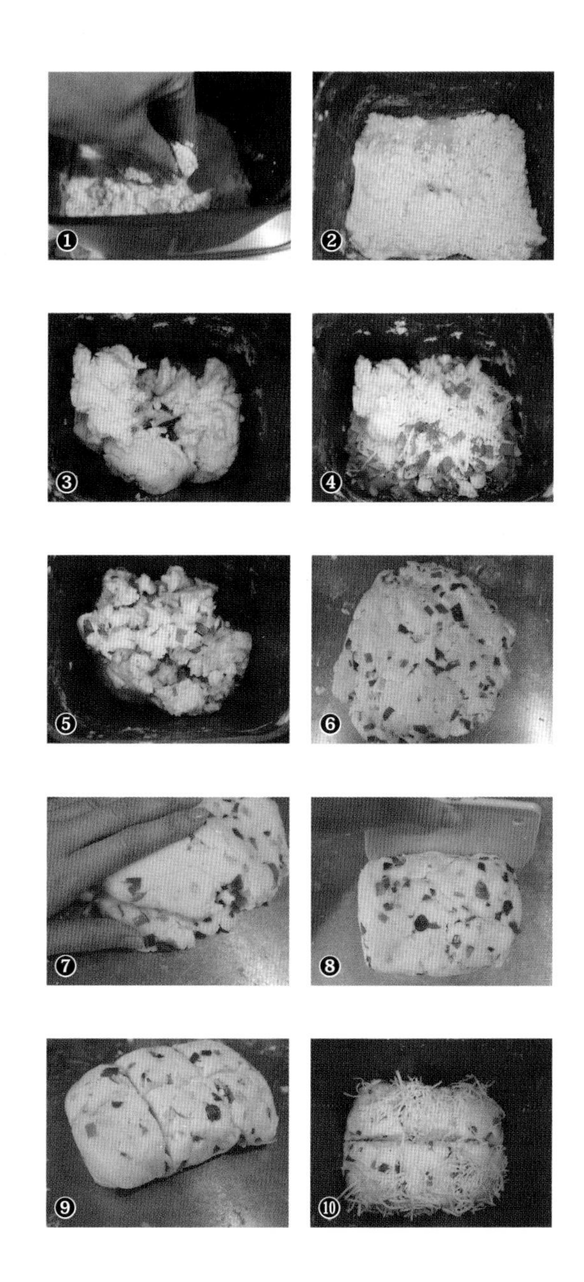

★ 做法 3、4 的每个搅拌步骤，大致均匀即可。避免搅拌过度，面粉出筋会影响酥脆度。

★ 必要时，可延长烘烤时间。

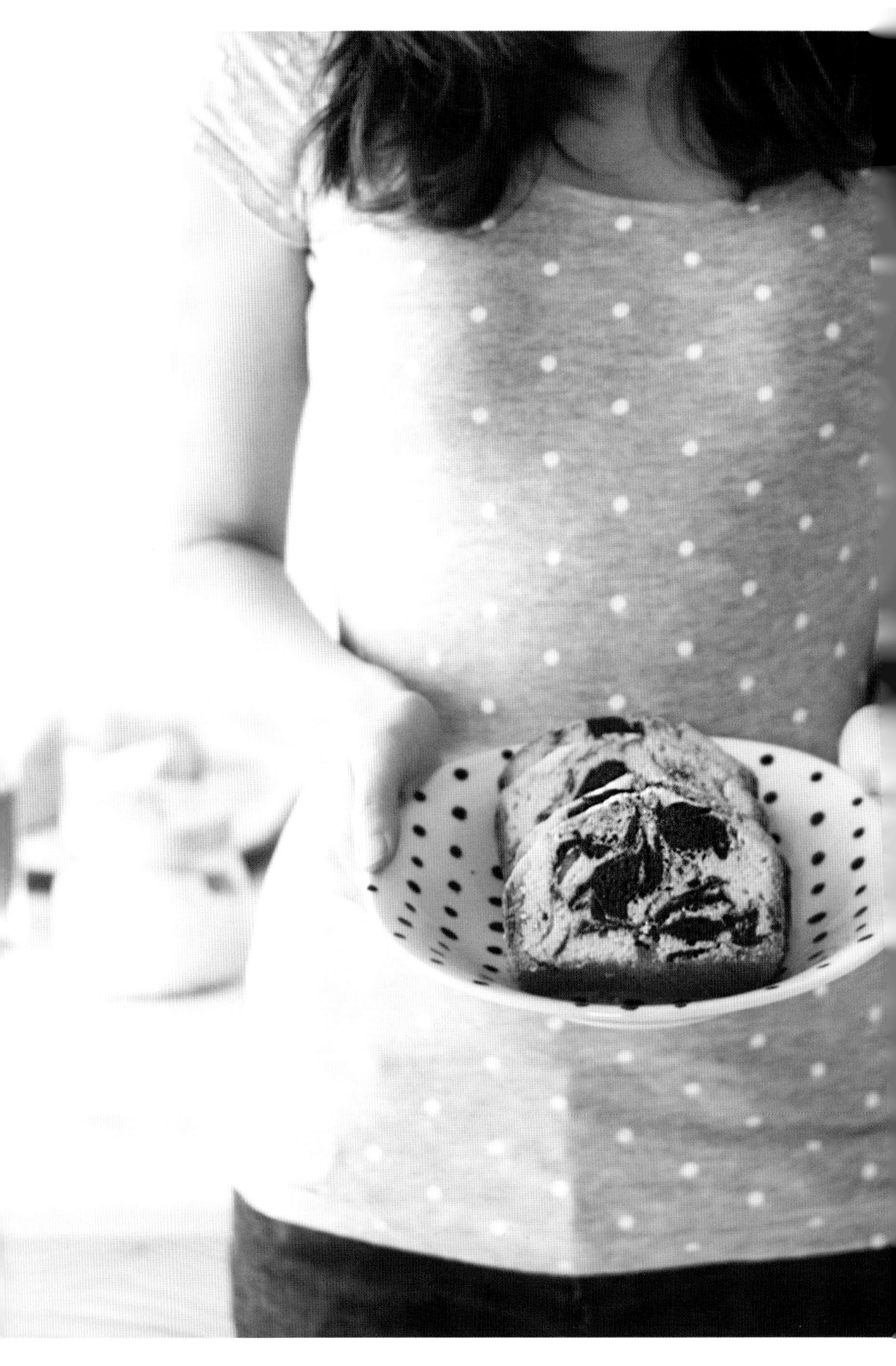

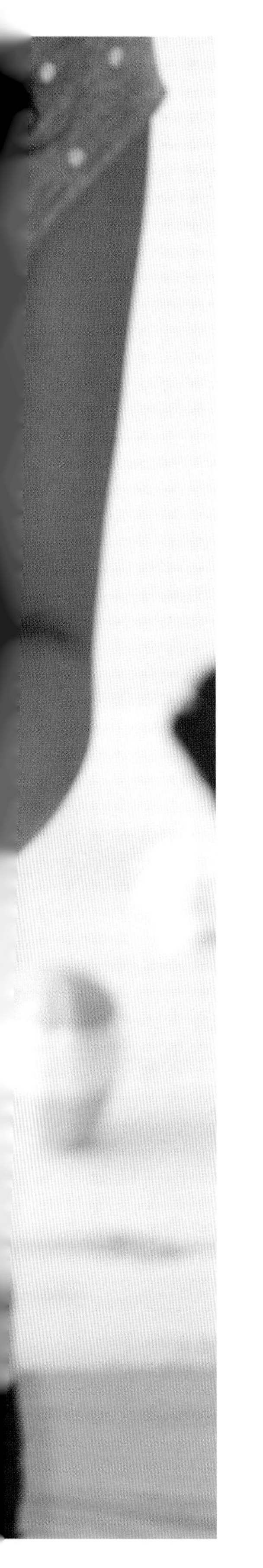

第8章

甜蜜蜜蛋糕点心

蛋糕与点心都是使人感到幸福的食物，不仅制作简单，还可以拿来当伴手礼哦！

55

伯爵巧克力

增添了伯爵茶的香气，巧克力味道更丰富，非常适合当伴手礼。

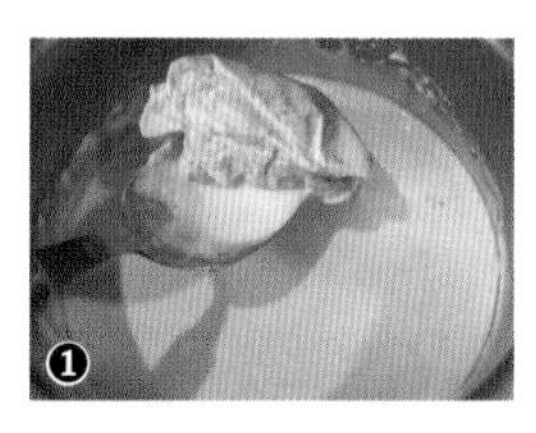
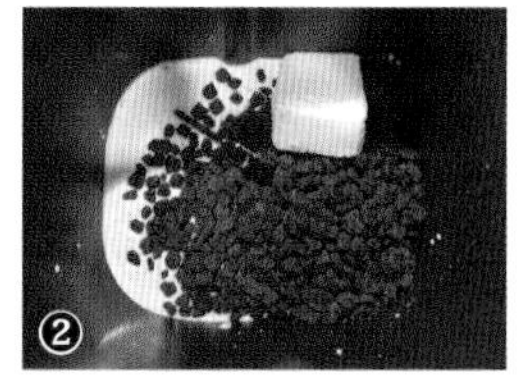

材料

动物性鲜奶油	120g
伯爵茶包	2 包
苦甜巧克力	200g
奶油	20g

装饰

无糖可可粉	适量

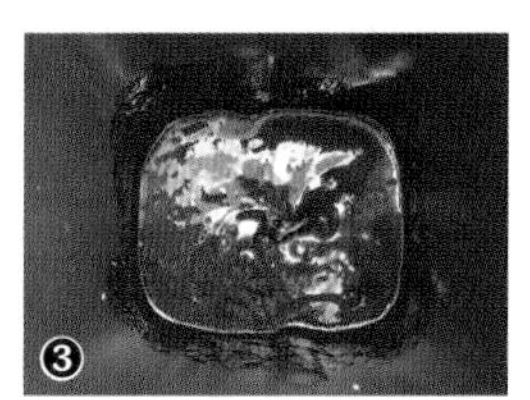

做 法

选择程序：生巧克力

1. 鲜奶油加热至即将沸腾时关火，放入 2 包伯爵茶包浸泡约 10 分钟。把茶包的水分轻轻压出，再取出茶包❶
2. 所有材料放入面包机❷，启动“生巧克力”程序，搅拌约 10 分钟，混合均匀即可停机❸。
3. 保鲜盒铺上烘焙纸或保鲜膜，再将巧克力倒入❹，放凉后即可放进冰箱。
4. 从冰箱取出凝固成形的巧克力，切块❺，沾上无糖可可粉❻即完成。

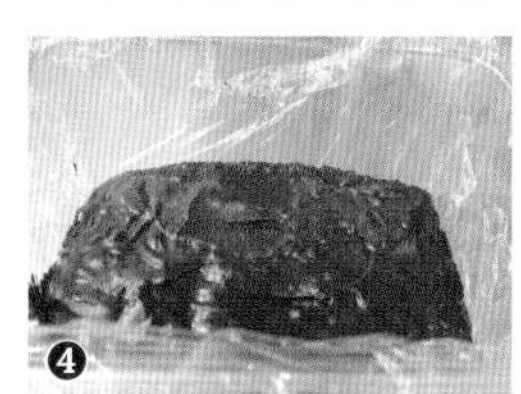

★ 部分面包机没有巧克力程序，可在做法 1 之后，将所有材料倒入不锈钢容器内，小火隔水加热且不断搅拌，直到苦甜巧克力熔化，全部混合均匀后，再接续做法 3。

56

藏心蛋糕

简单的磅蛋糕，只要一些小技巧，就可以在切开时产生意外的惊喜！

红蛋糕

奶油	80g
糖粉	80g
蛋	2 颗
低筋面粉	100g
泡打粉	3g
红曲粉	4g

做　法

1. 奶油置于室温软化，之后加入糖粉，用打蛋器手动搅拌混合，直到颜色稍微变白即可❶。
2. 分 3 次加入打散的鸡蛋❷，拌匀后加入过筛的低筋面粉、泡打粉、红曲粉❸，再次搅拌均匀❹。
3. 倒入面包机启动“蒸面包”程序，结束后再延长 5 ~ 10 分钟❺。
4. 放凉后切片，每片厚度约 1.5cm，以饼干模型压出心形蛋糕❻。
5. 将切好的蛋糕片，直立摆放于面包机❼，放好后避免移动。

白面糊

奶油	80g
糖粉	80g
蛋	2 颗
低筋面粉	85g
杏仁粉	15g
泡打粉	3g

做　法

1. 奶油置于室温软化，之后加入糖粉，用打蛋器手动搅拌混合，直到颜色稍微变白即可。
2. 分 3 次加入打散的鸡蛋，拌匀后加入过筛的低筋面粉、泡打粉、杏仁粉，再次搅拌均匀。
3. 面糊倒入面包机❽，将红蛋糕覆盖，启动“蒸面包”程序，结束后再延长 5 ~ 10 分钟，探针测试没有黏面糊即可。

糖霜

糖粉	20g
水	2 ~ 3g

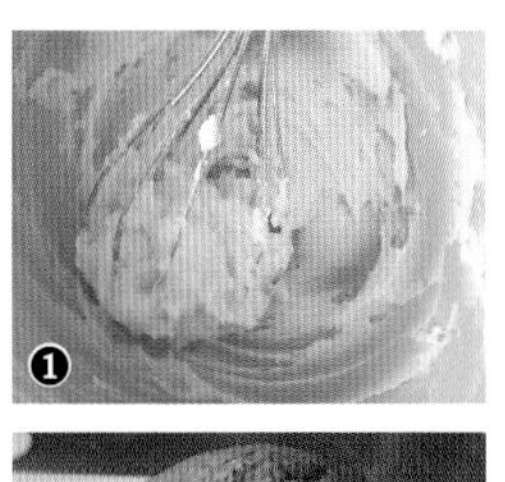

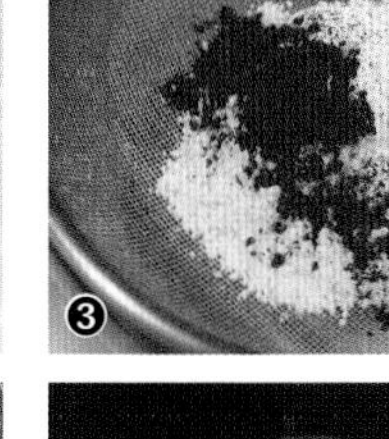
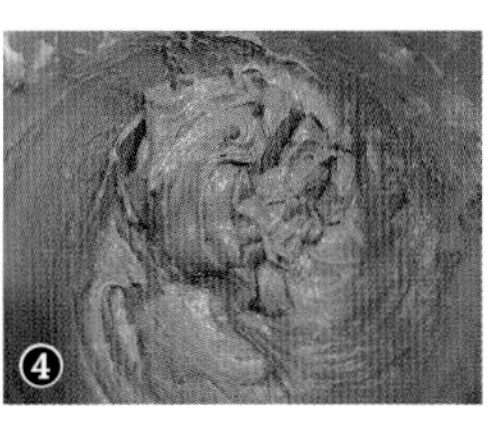

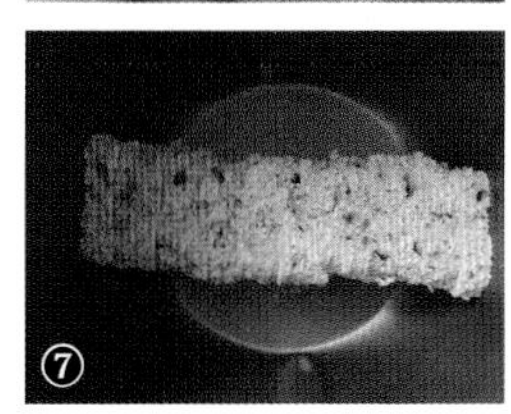
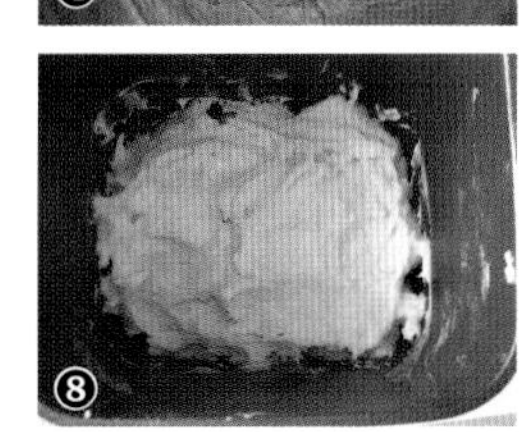

后续制作

1. 糖霜材料混合均匀，放入三明治袋备用❾。
2. 蛋糕烤好后，稍微放凉再脱模。待完全降温之后，以糖霜简单装饰即完成❿。

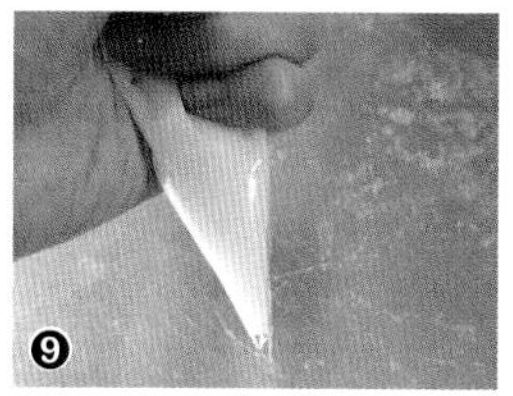
❾

❿

★ 若糖霜过稀可添加糖粉，糖霜所需的水分非常少，如此才容易凝固。

★ 烘烤结束前 5 分钟，用探针测试，若是都没有黏面糊，即可结束烘烤，不需再延长时间。

★ 蛋糕放凉，用塑料袋包起来，隔一天后食用，风味会更棒哦！

Tips

57

大理石磅蛋糕

我自己很喜欢巧克力大理石蛋糕，吃得到巧克力香气，美丽的纹路也是一种视觉享受。

白面糊

奶油	90g
糖粉	90g
蛋	2 颗
低筋面粉	110g
泡打粉	3g

做　法

1. 奶油置于室温软化，之后加入糖粉，用打蛋器手动搅拌混合，直到颜色稍微变白即可❶。
2. 分 3 次加入打散的鸡蛋并拌匀❷，加入过筛的低筋面粉、泡打粉❸，再次搅拌均匀❹。

可可面糊

部分白面糊	80g
无糖可可粉	5g

做　法

取 80g 白面糊，放入可可粉搅拌均匀❺。

后续制作

选择程序：蒸面包

1. 可可面糊倒入白面糊❻，轻轻搅拌一两下❼，再把形成的大理石面糊倒入面包机❽。
2. 启动“蒸面包”程序，结束后再延长 10 ~ 15 分钟即完成。

★ 分次加入蛋液时，使用冷藏鸡蛋可能会有油水分离的情况。事先将鸡蛋置于室温退冰，可减少此现象（多数在加入面粉之后即可改善）。

★ 混合白面糊与可可面糊时，避免过度搅拌，不然就看不出大理石纹路了。

Tips

58

海苔豆腐饼干

只要运用面包机，就能轻松端出一盘天然养生的饼干！

材料

低筋面粉	150g
豆腐	70g
豆浆	20g
油	30g
海苔	2 小包
白芝麻	10g
盐	2g

整形

油	适量
盐	适量

做法

选择程序：乌龙面团 > 取出面团整形 > 烤箱烘烤

1. 面团材料放入面包机❶，启动“乌龙面团”程序，拌匀即可停机❷。
2. 面团用保鲜膜包好❸，放入冰箱醒面 30 分钟。
3. 从冰箱取出面团，隔着保鲜膜擀成长方形，厚度约 0.1cm，切成长宽 3 ~ 4cm 的方形❹。
4. 置于烤盘上，刷一层薄薄的油❺，撒上适量的盐❻。
5. 烤箱预热 170℃，烘烤 18 ~ 20 分钟即完成。

★ 若要饼干较酥脆，可加 1g 泡打粉。

Tips

第9章

省时省力 美味馅料

简单运用面包机里的功能，就可以轻松完成面包的馅料哦！

59

南瓜泥

南瓜水分比其他根茎类蔬菜多，若用锅翻炒南瓜泥，光收汁就要花上好长一段时间；用面包机的麻糬或果酱程序，就能省下很多力气。

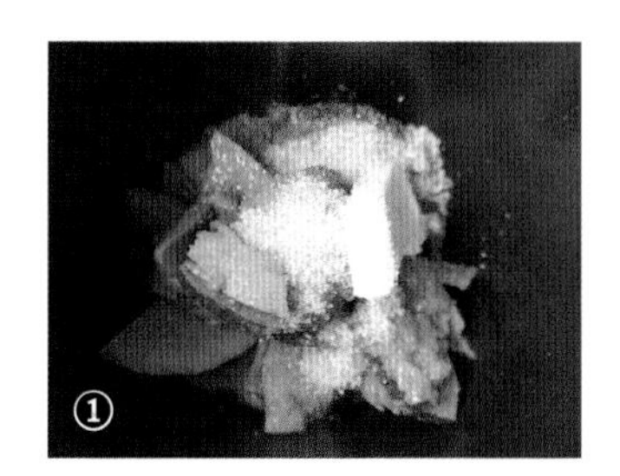

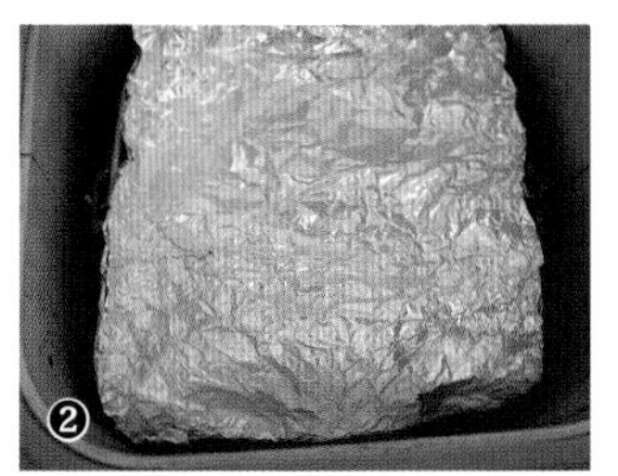

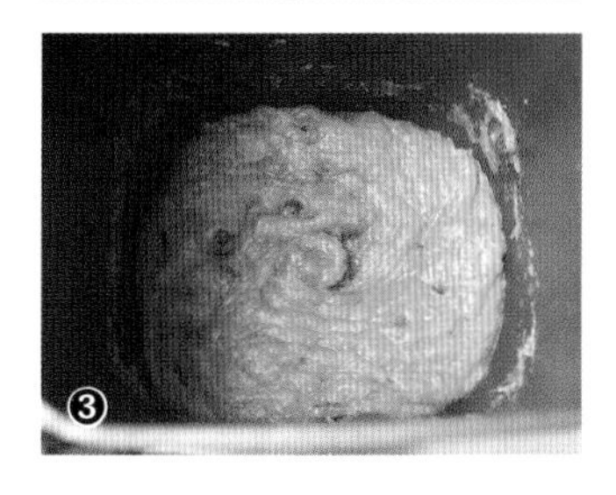

材料

蒸熟南瓜	200g
砂糖	10g
奶油	20g

做　法

选择程序：果酱、麻糬择一

1. 南瓜去子、切片蒸熟。
2. 所有材料放入面包盆❶，启动“果酱”或“麻糬”程序。刚开始可先用锡箔纸盖住，避免喷洒出来❷，拌匀且稍微成团即完成❸。

★ 南瓜本身甜度很高，不需再多增加糖分。

60

红豆馅

自己做红豆馅一点都不难！不加任何油脂，很清爽！

材料

红豆	200g
砂糖	120g

成品重量约 490g
（视红豆吸水量而定，仅供参考）

做　法

选择程序：豆沙馅

1. 红豆放入锅内，水深超过红豆❶。加热至沸腾，沸腾后 10 ~ 15 分钟，捞起红豆用手稍微按压，压得下去即可关火。
2. 捞起红豆，将水滤掉❷，重起另一锅冷水，再度放入红豆加热，煮 30 ~ 40 分钟至红豆完全软烂❸。
3. 捞起红豆，尽量将水滤干，与砂糖放入面包机❹，启动“豆沙馅”程序，之后视情况调整停机时间❺。

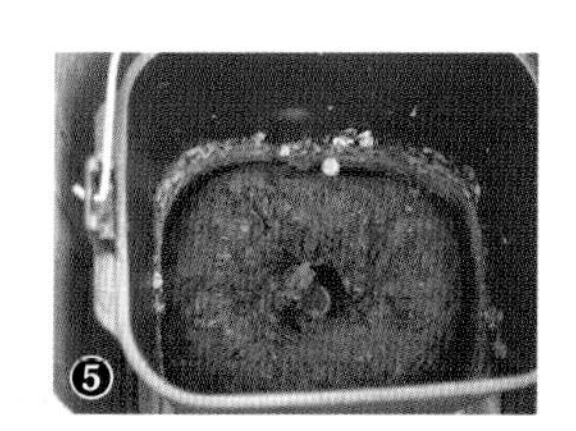

★ 糖可依喜好作增减。

★ 建议启动“豆沙馅”程序 20 分钟后，每 5 ~ 10 分钟察看水分是否为自己想要的湿度。成品图案大约煮 45 分钟就提前停机了。

★ 若面包机无“豆沙馅”程序，做法 3 可改放在平底锅，边加热边搅拌即完成。

Tips

61

紫薯馅

地瓜泥也可以靠面包机的搅拌功能轻松搞定。

材料

蒸熟紫薯	300g
砂糖	30g
奶油	30g

做　法

选择程序：乌龙面团

1. 地瓜去皮、切片后蒸熟。
2. 所有材料放入面包机❶，启动“乌龙面团”程序，不时用搅拌棒将材料推往中间❷。
3. 大约 10 分钟，拌匀至绵密状态即完成❸。

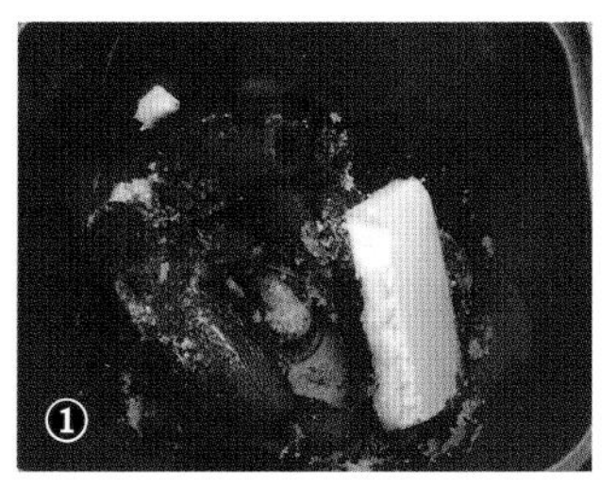

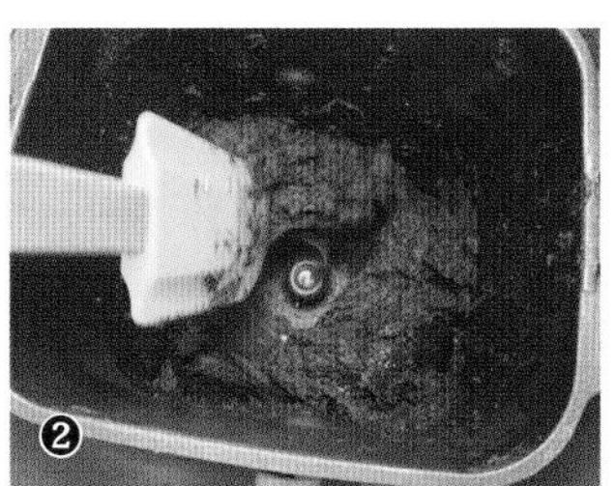

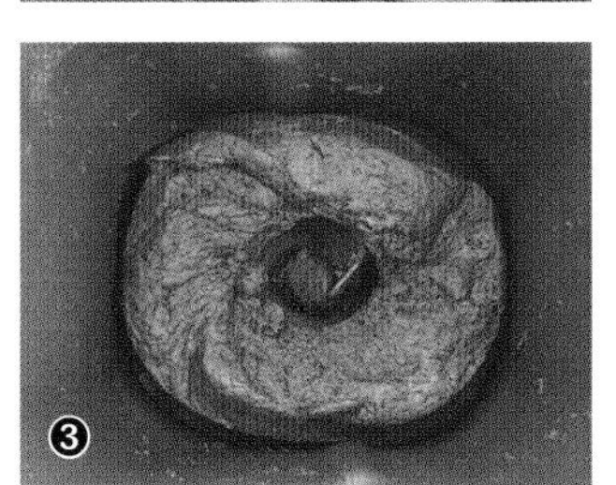

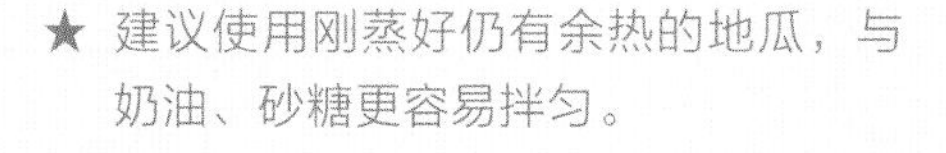

★ 建议使用刚蒸好仍有余热的地瓜，与奶油、砂糖更容易拌匀。

62

马铃薯泥

面包机的搅拌功能实在太厉害，马铃薯泥也能轻松搞定。

材料

蒸熟马铃薯	300g
水煮蛋	2颗
美乃滋	适量
盐	适量
火腿丁	70g
熟胡萝卜丁	适量
黑胡椒	适量
巴西里叶	适量

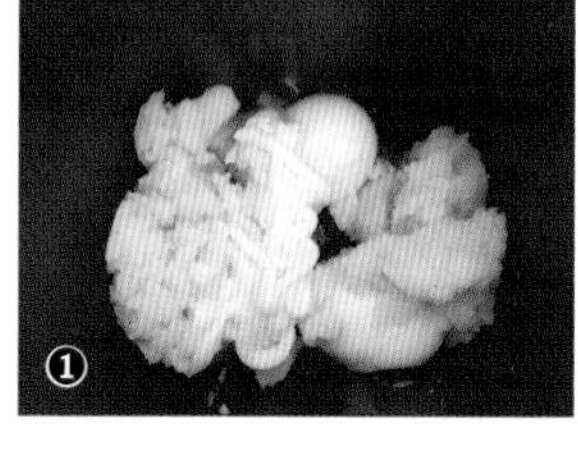

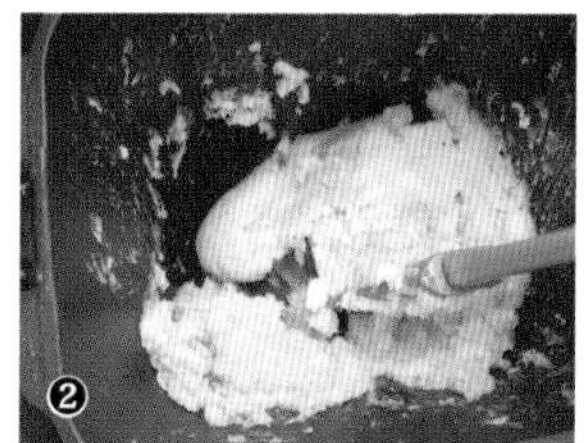

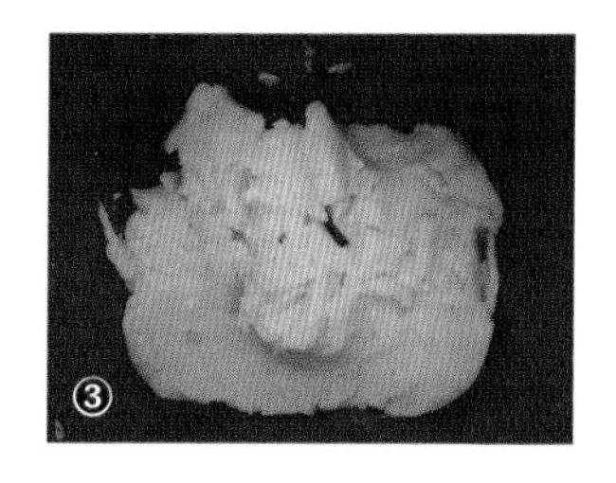

做法

1. 马铃薯去皮，切片后蒸熟。
2. 马铃薯、水煮蛋、美乃滋、盐放入面包机❶，启动“乌龙面团”程序。不时以搅拌棒帮忙拌和❷，直到马铃薯泥呈现绵密状态❸。
3. 放入火腿丁、熟胡萝卜丁、黑胡椒拌匀即可停机。
4. 撒上巴西里叶做装饰即完成。

★ 美乃滋可依个人喜好增减。

63

巧克力奶酥粒

简单制作，就可以使面包有更多的口感层次。

材料

杏仁粉	20g
低筋面粉	50g
无糖可可粉	20g
糖粉	35g
蛋黄	1 颗
奶油	25g

做 法

1. 所有粉类过筛后，搅拌均匀。
2. 奶油切丁放入粉类材料❶，用手混合均匀❷。
3. 加入蛋黄❸，用搅拌棒简单拌成颗粒状即完成❹。

★ 剩余的巧克力奶酥放入冰箱冷冻，撒在面包表面就可以进行烘烤。

Tips

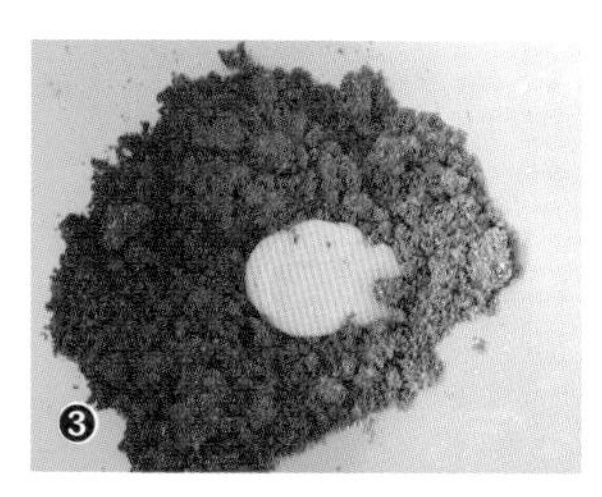

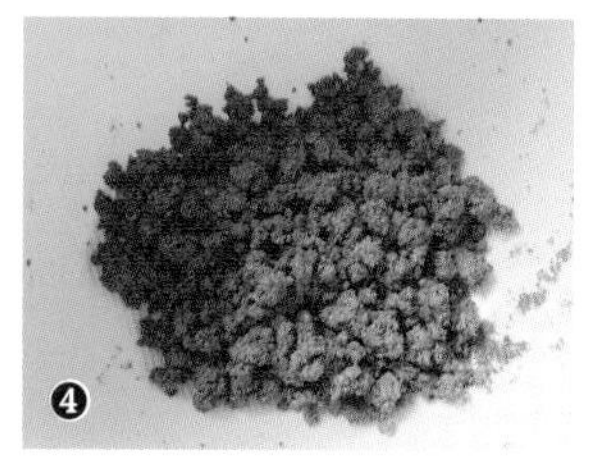

64

奶酥馅

免用鸡蛋也能制作奶酥馅！

材料

材料	用量
奶油	60g
糖粉	50g
盐	1g
鲜奶	10g
奶粉	75g

做 法

1. 奶油与糖粉❶放入面包机，启动“乌龙面团”程序，拌匀后停机。
2. 加入盐、鲜奶再度搅拌均匀❷。
3. 加入奶粉拌匀即完成❸。

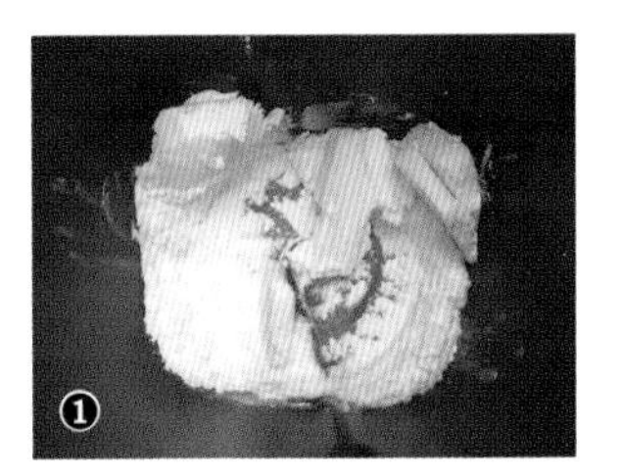

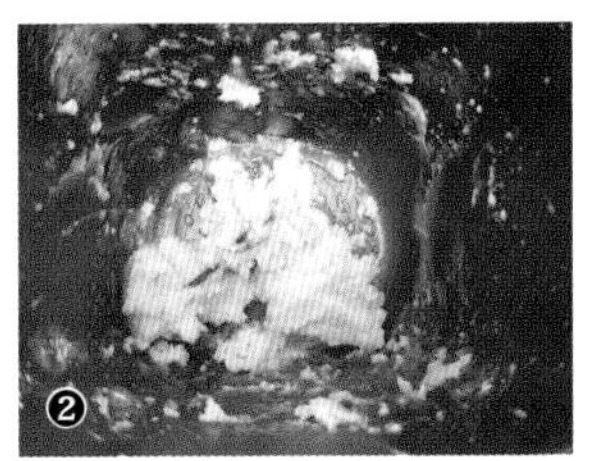

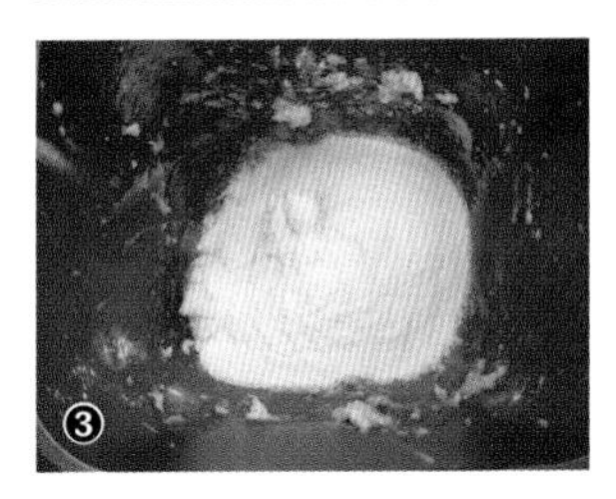

★ 奶油要先置于室温软化之后才使用。

★ 奶酥吃起来不甜腻，可依喜好口味调整甜度。

65

汤种

简单制作，就可以使面包有更多的口感层次。

材料

高筋面粉	25g
水	125g

做法

1. 面粉与水搅拌均匀❶，放入锅内加热约至65℃，边加热边搅拌，直到面糊纹路清楚即可关火❷。
2. 冷却 1 分钟，用保鲜膜覆盖且服帖住汤种表面❸。放凉之后，再放入冰箱冷藏至少 2 小时即完成。

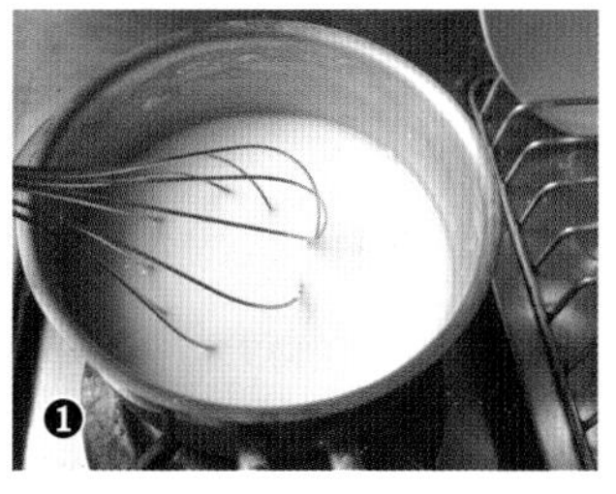

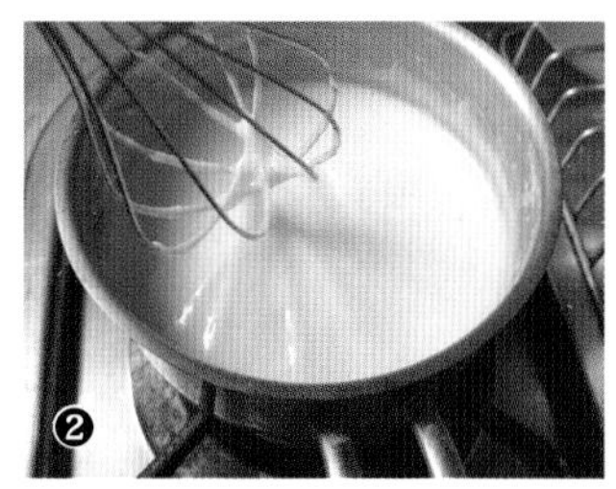

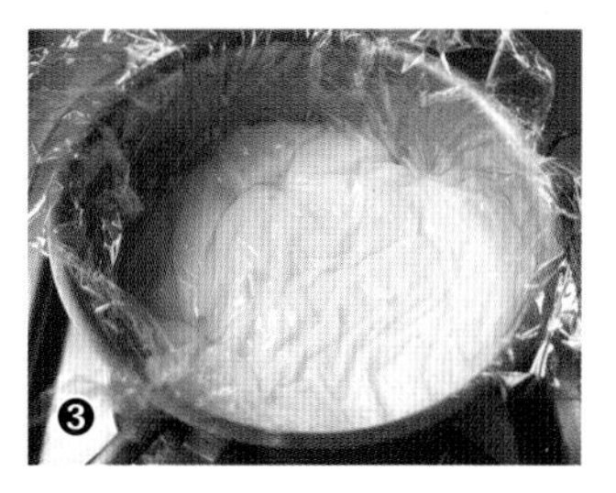

★ 汤种面糊冷藏保存，期限 1 周左右。

图书在版编目（CIP）数据

面包机的诱惑2，百变吐司／辣妈（Shania）著. —沈阳：辽宁科学技术出版社，2016.4
ISBN 978-7-5381-9529-3

Ⅰ. ①面… Ⅱ. ①辣… Ⅲ. ①面包—制作 Ⅳ. ①TS213.2

中国版本图书馆CIP数据核字（2015）第312489号

出版发行：辽宁科学技术出版社
（地址：沈阳市和平区十一纬路29号 邮编：110003）
印 刷 者：辽宁新华印务有限公司
经 销 者：各地新华书店
幅面尺寸：170mm × 240mm
印 张：10
字 数：235千字
出版时间：2016年4月第1版
印刷时间：2016年4月第1次印刷
责任编辑：郭 莹 卢山秀
封面设计：魔杰设计
版式设计：袁 淑
责任校对：王玉宝

书 号：ISBN 978-7-5381-9529-3
定 价：39.80元

邮购热线：024-23284502